■Q 版建筑

场景道具模型 ■

■ 大树

单体建筑 ■

■ 复合建筑 1

复合建筑 2 ■

■ 复合建筑 3

复合建筑 4 ■

花草

室内场景 1

■ 室内场景 2 ─────────────────────

───────────── 室内场景 3 ■

■ 室内场景 4

桃花树 ■

■ 野外场景 1

野外场景 2 ■

网络游戏场景设计
与制作实战（第二版）

王星儒　刘智杨　李瑞森　编著

电子工业出版社
Publishing House of Electronics Industry
北京·BEIJING

内 容 简 介

本书是一本系统讲解 3D 网络游戏场景制作的专业教材。内容上主要分为概论、软件基础操作和实例制作讲解三大部分。概论主要讲解 3D 网络游戏场景设计的基础知识；软件基础操作主要讲解 3ds Max 软件在游戏制作中的基本操作流程、规范、技巧以及常用游戏制作插件的高级应用技巧；实例制作部分通过各种典型的项目案例让读者掌握网络游戏场景的基本制作流程和方法。

本书既可作为高校动漫游戏设计专业或培训机构的教学用书，也可作为初学者入门 3D 网络游戏场景制作的读物。

图书在版编目（CIP）数据

网络游戏场景设计与制作实战 / 王星儒，刘智杨，李瑞森编著. —2 版. —北京：电子工业出版社，2022.1
ISBN 978-7-121-42630-8

Ⅰ. ①网… Ⅱ. ①王… ②刘… ③李… Ⅲ. ①三维动画软件－游戏程序－程序设计 Ⅳ. ①TP391.41

中国版本图书馆 CIP 数据核字（2022）第 015180 号

责任编辑：张　迪（zhangdi@phei.com.cn）
印　　刷：涿州市般润文化传播有限公司
装　　订：涿州市般润文化传播有限公司
出版发行：电子工业出版社
　　　　　北京市海淀区万寿路 173 信箱　邮编　100036
开　　本：787×1 092　1/16　印张：17.25　字数：455 千字　彩插：4
版　　次：2015 年 10 月第 1 版
　　　　　2022 年 1 月第 2 版
印　　次：2023 年 4 月第 3 次印刷
定　　价：79.00 元

前 言
FOREWORD

从世界上第一款电子游戏的诞生到如今飞速发展的网络游戏，虚拟游戏经历了几十年的发展变革，无论在硬件技术还是软件制作方面都有了翻天覆地的变化，虚拟游戏现在已经发展为包括十几个类型在内的跨平台数字艺术形式，被誉为人类文化中的"第九艺术"。与其他艺术相比，虚拟游戏的最大特色就是给用户带来了前所未有的虚拟现实感官体验，它比绘画更加立体，比影像更加真实，再配以音乐声效的辅助，让人置身于一个仿佛完全真实的虚拟世界中。

随着世界游戏产业化发展和市场化进程，如今的游戏制作是团队化的流程体系，游戏制作公司需要拥有各自专业特长和技术的设计人员，他们就像精密仪器上的微型元件，所有人都在自己的位置上发挥着不可取代的作用。所以，定向培养属于自己的专属技能已成为如今游戏培训和技能学习的重要内容。

本书以"一线实战"为核心主旨，专门讲解当前一线游戏制作公司对于实际研发项目的行业设计标准和专业制作技巧，同时选取 3D 网络游戏场景制作作为主题和讲解方向，是一本系统、专业的游戏设计教材。本书的整体框架和内容可分为概论、软件基础操作和实例制作讲解三大部分，同时给出了大量一线游戏制作的实际项目案例，内容上由浅入深、循序渐进，让读者体验轻松和便捷的学习过程。

相对于第一版来说，本书将 3ds Max 软件更新为最新版本，更新了实例制作部分的项目内容，同时提供了相应的原创制作视频教程，以便读者学习。

本书既可作为高校动漫游戏设计专业或培训机构的教学用书，也可作为初学者入门3D 网络游戏场景制作的读物。对于刚刚入门游戏制作领域的读者，本书可以引导他们了解目前先进与前沿的游戏制作技术；对有一定基础的读者，本书更能起到深入引导和晋级提升的作用。为了更好地帮助大家学习，随书资料包含了所有章节实例制作的项目源文件，同时还附有相关的教学视频，读者可以登录华信教育资源网（http://www.hxedu.com.cn）免费注册后再进行下载。

限于作者水平，书中难免会有疏漏之处，请广大读者提出宝贵意见。

作者

目 录
CONTENTS

VI

CHAPTER 1

网络游戏
场景设计概论

1.1 网络游戏场景的概念与类型

　　游戏场景是指在游戏作品中除角色以外的周围空间、环境、物件的集合。如同话剧表演中演员的舞台、竞赛中选手的赛场及动画片中角色的背景一样，游戏场景在整个游戏作品中起到了十分重要的作用。与舞台、赛场和背景相比，游戏场景的作用更有过之而无不及。在虚拟的游戏世界中，制作细腻精美的游戏场景不仅可以提升游戏的整体视觉效果，让游戏在第一时间抓住玩家的眼球，将玩家快速带入游戏设定的情景当中，还可以传递出制作者所表达的游戏内涵和游戏文化，提升游戏的整体艺术层次。

　　早期的游戏作品只是定位于人机交互的一种娱乐方式。所谓人机交互，即游戏操作者与计算机之间的互动关系。作为一种新型事物，早期的游戏仅仅依靠人机互动的模式就足以让人们深深沉浸其中，享受电子虚拟世界带来的乐趣。随着科技的发展和时代的进步，这种单一的游戏模式逐渐让人厌倦，无论什么类型的游戏，AI（人工智能）系统设计得多么高级，即使像沙盘游戏这样极高自由度的设定，在若干次的游戏后，人们总会感到固定程序模式带来的一种束缚感。要想解决这个问题的唯一出路就是网络化，20世纪 90 年代随着 Internet（因特网）的出现，不同的计算机可以通过网络相互连接，在这种思路的引领下网络游戏开始出现，游戏也从此进入了一个全新的时代。

　　1997 年，美国 Origin 公司制作出了世界上第一款图形化网络游戏《Ultima Online》（中文译名为《网络创世纪》，简称 UO）（见图 1-1）。从此，游戏进入了全新的网络化时代，网络游戏（网游）逐渐走入游戏玩家的视野，并以其独特的魅力在短短几年内发展为世界游戏的主流方向。高自由度是网络游戏的最大特色，网络游戏所营造的虚拟世界让人们摆脱了过去传统的人机交互的单一游戏模式。例如，在 UO 的世界里可以让数千人同时在线互动，游戏提供一个广大的世界供玩家探索，包括各大城镇、森林、地下城等地区。游戏并无明确的目标，最主要的是看玩家自己想做什么，就去做什么。游戏还提供了丰富的职业让玩家选择，包括木匠、铁匠、裁缝、剑士、弓手、魔法师、巫师、医生等。除此以外，在 UO 的世界里还独具匠心地设计了基于基督教义和骑士精神的几大美德，包括谦卑、正直、怜悯、英勇、公正、牺牲和荣誉。

　　正是由于 UO 的出色设计与网络化，真正意义上的网络游戏开始逐渐进入人们的视野。网络游戏与传统单机游戏相比，其最大特点是更像一个平台，允许大量的游戏玩家通过这个平台进行互动、对战与协作，游戏制作者需要制作出一个开放、客观和接近真实的虚拟世界，这种虚拟世界构架的基础与直观展现就是网络游戏场景。网络游戏场景是游戏作品中的客观空间的集合，游戏制作者将一切视觉美术元素通过这个空间进行展现，包括场景建筑、场景道具元素、花草植物、山石水系以及各种动画特效等，网络游戏场景为游戏玩家搭建出了一个可以根据自己的意志进行各种游戏行为的空间基础和客观世界。

图 1-1　《网络创世纪》的游戏画面

在网络游戏中，玩家通常会以第一人称出现在虚拟世界中，游戏中操控的角色就代表了玩家自己，这时的网络游戏场景往往会成为玩家视野中的主体对象，玩家首先看到的是网络游戏场景所构成的虚拟空间，其次才是在这个空间中的其他玩家和角色。在 3D 游戏时代的今天，我们很难想象如果一款游戏没有优秀的场景设计，它将如何吸引玩家，如何抓住市场。所以从这个角度来看，网络游戏场景设计与制作在游戏项目研发制作中是至关重要的环节，甚至超越游戏角色设计，已成为游戏美术制作中开启成功之门的关键。同时，网络游戏场景对于交代游戏世界观、体现游戏美术风格、烘托游戏氛围等方面也起到了决定性作用。

在图形化网络游戏（如 UO）出现之前，如果按照网络游戏的概念进行追溯，最早的网络游戏应该出现在 20 世纪 80 年代，当时有一种流行的文字类游戏，叫作 Multiple User Dialogue（多用户对话），简称 MUD（泥巴）。MUD 是基于文本的虚拟世界，界面主要是以 ASCII 字符为主的文本和由 ASCII 字符组成的简单图形，它们没有浮华的图形和声音，只有文本在屏幕上滚动（见图 1-2）。在 MUD 世界中，一切活动都是通过键盘输入的方式进行的，包括用文本引发对象的动作、用文本交谈、用文本表达感情、用文本交流思想等。如果用今天的眼光来看，当时的 MUD 并不存在真正意义上的游戏场景，但实际上如果仔细分析，就会发现 MUD 仍然存在游戏场景，那就是通过语言描述所构架的存在于人们脑海中的虚拟世界。

随着 UO 的出现，具有具象游戏画面的图形化网络游戏真正开始发展起来。自 1997 年以来，UO 在全球的北美、欧洲、大洋洲、东亚、拉美等都架设有服务器，这在当时的游戏史上是从来没有过的，可以说 UO 是第一个"全球化"的网络游戏。从 UO 到现在，网络游戏经历了二十几年的发展，从最初单一固定化的模式发展为今天形式多样的消费级产品，更发展成了庞大的商业产业，网络游戏的发展变迁也是时代和科技进步的产物。

从早期的 MUD 到 UO，网络游戏从抽象发展到具象的 2D 图形化界面，再发展为如今全 3D 的画面效果，网络游戏的视觉效果在不断进化与变革。而网络游戏场景作为网络游戏的重要构成部分，自然会因为不同类型的游戏而有所区分，下面我们将从不同的方面和角度来讲解当下主流的网络游戏场景的分类。

图 1-2　MUD 游戏《侠客行》

1.1.1　2D 网络游戏场景

由于技术的限制，早期的游戏画面大多为平面视角的 2D 图像，从最早期的像素画面发展到后来日益精细的 2D 画面，在 3D 图像技术出现以后，2D 图像风格仍然在继续使用，2D 与 3D 并不是发展的递进关系，而是可以共存的不同风格。即使发展到今天，面对 3D 游戏引擎所带来的强大视觉效果，2D 画面的游戏仍然层出不穷，深受玩家的喜爱。

与标榜高度真实的 3D 游戏画面相比，2D 游戏的画面风格更加多样性，可以赋予更多的艺术表现手法，比如卡通风格、水墨风格等。2D 游戏中的美术元素通常都是利用绘制来完成的，它更像是绘画美术作品，而 3D 画面则更像是一种照片表现形式。

对具体的网络游戏场景来说，2D 网络游戏场景是指游戏中利用平面图片制作游戏场景效果，画面的视角为固定模式，通常采用平视或者俯视的视觉效果，早期的网络游戏场景基本都是 2D 网络游戏场景。细分来说，2D 网络游戏场景可以分为卷轴类场景、俯视角 2D 场景以及 2.5D 场景三大类。

卷轴类场景又分为横版与纵版两种形式，这是由早期街机游戏发展而来的一种画面场景风格，多见于动作格斗类与飞行射击类游戏。横版卷轴类场景就是画面视角固定在游戏中角色的正侧面，游戏场景跟随角色前后移动进行滚动，游戏角色的移动方式类似于中国传统的皮影戏，只能进行前后180°的转向。育碧公司出品的经典动作类游戏《雷曼》就采用了这种形式，如图 1-3 所示。

纵版卷轴类场景就是将游戏视角锁定在游戏中操控角色的顶部，场景画面跟随游戏角色自下而上进行滚动。通常来说纵版卷轴类场景只能不断向前移动，而无法返回之前的画面，这也是纵版卷轴类场景与俯视角 2D 场景最大的区别。采用纵版卷轴类场景的游戏多为飞行射击类游戏，图 1-4 所示的经典飞行射击游戏《雷电》就采用了这种形式。

图 1-3 　《雷曼》所采用的横版卷轴类场景

图 1-4 　《雷电》所采用的纵版卷轴类场景

　　随着 RPG（角色扮演）游戏的发展和盛行，早期的卷轴类场景无法满足游戏的需求，于是俯视角 2D 以及 2.5D 场景开始出现，并且一直沿用到今天，这也是当下最为主流的 2D 场景。俯视角 2D 场景与纵版卷轴类场景基本相同，最大的区别就是在俯视角 2D 场景中游戏角色可以自由移动，不会受到场景滚动的限制。

　　2.5D 场景又称为仿 3D 场景，是指玩家视角与游戏场景成一定角度的固定画面，通常为倾斜 45°视角。2.5D 场景并不仅仅是视角的不同，它与 2D 场景最大的区别是，2.5D 场景中的美术元素多为 3D 模型制作，之后将制作的模型渲染导出为 2D 图片，所以 2.5D 场景效果要比传统的 2D 场景精致得多。同时因为介于 2D 与 3D 之间，所以将其称为 2.5D 场景（见图 1-5），早期大多数 MMORPG 游戏以及网页游戏大多采用 2.5D 场景。

图 1-5   2.5D 场景

即使在 3D 技术大行其道的今天，2D 和 2.5D 场景的网络游戏仍然占有大量的市场份额。例如，韩国 NEOPLE 公司研发的著名网游《地下城与勇士》（DNF）就是采用横版卷轴类场景的 2D 游戏，而国内在线人数最多的网游排行前十位中有一半都是采用 2D 场景或者 2.5D 场景的游戏。

1.1.2   3D 网络游戏场景

3D 网络游戏场景是指由三维软件制作出的游戏场景，这也是现在网络游戏常用的场景类型，相对于 2D 场景和 2.5D 场景来说，3D 场景给游戏玩家更加逼真的视觉效果和真实的临场体验（见图 1-6）。

图 1-6   高度真实的 3D 网络游戏场景

2D 网络游戏场景与 3D 网络游戏场景区分的依据并不是游戏场景的视角，而是游戏场景所采用的制作方式。2D 网络游戏场景中的所有美术元素一般是通过二维软件绘制出来的，2.5D 网络游戏场景中的美术元素虽然前期是通过 3D 软件来进行制作，但后期也都要通过平面软件来进行修图。3D 网络游戏场景中所有的美术元素都是通过三维制作软件进行建模制作的，虽然后期需要利用二维软件来进行贴图的绘制，但整体来说 3D 网络游戏的制作原理和流程是与 2D 网络游戏截然不同的。

当下 3D 网络游戏场景又可根据其视角的不同细分为：固定视角、半锁定视角以及全 3D 等不同的场景画面类型。固定视角 3D 场景画面是指游戏中所有美术元素都为 3D 模型制作并通过游戏引擎即时渲染显示，但游戏中玩家所观看的场景以及角色的视角是固定的，通常为有一定倾斜角度的俯视图，玩家只能操控游戏中的角色进行移动，无法调整和控制视角的变化。固定视角 3D 场景画面与 2.5D 场景画面十分相似，图 1-7 为采用此种画面类型的 3D 网络游戏《暗黑破坏神 3》。

图 1-7　固定视角的 3D 网络游戏《暗黑破坏神 3》

半锁定视角是指玩家在游戏中可以在平面范围内进行视角的调整和转动。众所周知，三维空间包含三个维度，半锁定视角就是只允许在其中两个维度所构成的平面内进行视角的变化，通常半锁定视角 3D 游戏也采用有一定倾斜角度的俯视图场景画面。固定视角和半锁定视角游戏都是完全按照 3D 游戏的制作流程和标准来制作的，采用这种场景视图画面的优点是：可以减少游戏资源对于硬件的负载，降低游戏需求的硬件配置标准，同时有限的视角范围可以更加深入地细化场景的细节，提高游戏画面的整体视觉效果。

除了以上两种 3D 场景画面，现在绝大多数 3D 游戏都会采用全 3D 视角模式。所谓全 3D 视角就是在游戏中玩家可以随意对视图进行调整和旋转，查看游戏场景中各个方位的画面。相对于固定视角和半锁定视角，全 3D 视角的最大不同就是玩家可以将控制的视野范围拉升，看到远景和天空等（见图 1-8）。由于玩家的视野范围从平面维度扩大到了三维空间，从而使得游戏的制作要求和难度也大大提高，在模型制作的时候要充分考虑到各个视角的美观和合理性，保证 360° 无死角。对于游戏玩家来说，全 3D 游戏场景视图模式可以更加直观地感受游戏虚拟世界的魅力和真实感，增强虚拟现实的体验性。随着 3D 游戏引擎技术的迅速发展，全 3D 视角游戏的制作水平也在日益提高，现在已经成为 3D 游戏的主流发展趋势。

图 1-8　全 3D 的视角效果

　　从游戏场景制作的角度，我们把 3D 网络游戏场景分为建筑场景、室内场景和野外场景。建筑场景是指游戏中以建筑物为对象的场景，包括各类单体建筑、复合建筑、城市街道以及各种场景道具等（见图 1-9）。室内场景是指游戏中建筑或者空间的内部环境场景，包括建筑室内场景、洞穴场景、地宫场景等（见图 1-10）。野外场景是相对室内场景而言的，是指一切暴露在室外的空间场景，野外场景中也可以包含建筑场景和室内场景，但这里所定义的野外更多是指山石草木、溪水瀑布等自然环境场景（见图 1-11）。

图 1-9　建筑场景

　　不同类型的游戏场景在制作的方法和侧重点上也有所不同，建筑场景以制作建筑模型为主，注重整体大效果的展现；室内场景则以制作室内结构和小物件模型为主，通过场景中道具的摆布以及灯光、特效等展现局部环境的氛围；野外场景则以制作自然环境为主，通过地形、山水、石木等自然元素来构成整体的大地图场景。从制作的难度来划分，从高到低依次为建筑场景、室内场景、野外场景。建筑场景需要游戏美术设计师良好的模型构建基础，室内场景则在此基础上还需要结构和整体氛围的营造能力，而野外场景除前两者以外还需要对自然生态具有整体把握。

图 1-10　室内场景

图 1-11　野外场景

1.1.3　Q 版网络游戏场景

Q 版是从英文 Cute 一词演化而来，意思为可爱、招人喜欢、萌，西方国家也经常用 Q 来形容可爱的事物。我们现在常见的 Q 版就是在这种思想下创造出来的一种设计理念，Q 版化的物体一定要符合可爱和萌的定义，这种设计思维在动漫和游戏领域尤为常见。

网络游戏场景从画面风格上可以分为写实和卡通，写实风格主要指游戏中的场景、建筑和角色的设计制作符合现实中人们的常规审美，而卡通风格就是我们所说的 Q 版风格。Q 版风格通常是将游戏中建筑、角色和道具的比例进行卡通艺术化的夸张处理。例如，Q 版的角色都是 4 头身、3 头身甚至 2 头身的比例，Q 版建筑通常为倒三角形或者倒梯形的设计（见图 1-12）。

图 1-12　Q 版网络游戏场景

如今有大量的网络游戏都被设计为 Q 版风格，其卡通可爱的特点能够迅速吸引众多玩家，风靡市场。最早一批进入国内的日韩网络游戏大多都是 Q 版类型的，诸如早期的《石器时代》《魔力宝贝》《RO》等，它们的成功开创了 Q 版游戏的先河，之后 Q 版网游更是发展为一种专门的游戏类型。由于 Q 版游戏中角色形象设计可爱、整体画面风格亮丽多彩，在市场中拥有广泛的用户群体，尤其受女性用户喜爱，成为网游中不可或缺的重要类型。

1.1.4　沙盒类网络游戏场景

在网络游戏诞生以前，早期的单机游戏一般都是线性的游戏流程。游戏制作者会为玩家设计各种游戏任务，通常玩家需要按照游戏剧情的设置，一步一步攻克游戏中的关卡和任务。这种千篇一律的模式使得玩家在玩过大量游戏后产生厌倦感，玩家想要在固有的设计模式下获得更多的自由性，正是这种自由性的需求催生了沙盒类网络游戏的出现。

沙盒类网络游戏，英文名为 Sandbox Games，是一种单机游戏的类型，游戏的核心理念是高自由度和开放度的场景和游戏设计，游戏通常为非线性的，并不强迫玩家完成特定目标，玩家可以扮演游戏中的角色，在游戏里与多种场景环境与角色进行互动。著名的沙盒类游戏包括《侠盗飞车》系列、《辐射》系列和《上古卷轴》系列等。

1997 年，BioWare 公司出品的《辐射》就是最早的沙盒类网络游戏。《辐射》最著名的特色就是超高的游戏自由度，玩家在《辐射》的游戏世界里可以做任何自己想做的事。当然，玩家也要为此负责，也就是说玩家在游戏中做的任何事都会影响游戏的进程和角色的成长。除超高的自由度以外，《辐射》还为每个角色都设置了极为复杂的属性和相互之间错综复杂的关系，使这款游戏极难上手，只有狂热的 RPG 玩家才会沉迷其中，即便如此，《辐射》还是被评为了 1997 年度最佳 RPG 游戏。

虽然沙盒类网络游戏是单机游戏，但它的出现为日后的网络游戏提供了先行理念与设计基础。从场景设计的角度来看，沙盒类网络游戏最大的特色就是场景的高自由度和开放性，沙盒类网络游戏的场景通常有着严格的连贯性，有些游戏更将游戏场景设计制作成了完整无缝的地图模式，游戏玩家可以在地图的任意场景中自由走动，不受游戏剧情和关卡的限制，这与网络游戏场景的设计制作理念也是完全一致的。对于现在的网络游戏场景来说，虽然并不是所有的游戏场景都采用无缝大地图的设计，但只要地图之间的连贯是完整的，即使在地图切换之间需要 Loading，我们也可以将其看作沙盒类网络游戏场景（见图 1-13）。

图 1-13　网络游戏中的无缝大地图场景

1.2　游戏场景制作技术的发展

游戏美术技术是指在游戏项目研发中对于游戏画面视觉效果的制作技术，属于游戏制作的核心内容。游戏美术技术属于计算机图像技术的范畴，而计算机图像技术发展主要依托于计算机硬件技术的发展。电脑游戏从诞生发展到今天，电脑游戏图像技术分别经历了"像素图像时代""精细二维图像时代""三维图像时代"三大阶段，游戏美术技术也遵循这个规律经历了由"程序绘图时代"到"软件绘图时代"再到"游戏引擎时代"的发展线路。

在电脑游戏发展初期，由于受计算机硬件的限制，电脑图像技术只能用像素显示图形画面。所谓的"像素"就是用来计算数码影像的一种单位，如同摄影的相片一样，数码影像也具有连续性的浓淡阶调，我们若把影像放大数倍，会发现这些连续色调其实是由许多色彩相近的小方点组成的，这些小方点就是构成影像的最小单位"像素"（见图 1-14）。而"像素"（Pixel）这个英文单词就是由 Picture（图像）和 Element（元素）这两个单词的字母组成的。

因为计算机分辨率的限制，当时的像素画面在今天看来或许更像一种意向图形，因为以如今的审美视觉来看这些画面实在很难分辨出它们的外观，更多的只是用这些像素图形来象征一种事物。即便如此，仍然有一系列经典的游戏作品在这个时代诞生，其中包括著名的欧美 RPG《创世纪》系列（见图 1-15）和《巫术》系列，还包括国内玩家最早接触的《警察捉小偷》《掘金块》《吃豆子》等电脑游戏，还有经典动作游戏《波斯王子》的前身《决战富士山》。台湾大宇公司轩辕剑系列的创始人蔡明宏也于 1987 年在苹果机平台上制作了自己的首个电脑游戏——《屠龙战记》，这也是最早的中文 RPG 游戏之一。

图 1-14　像素图像

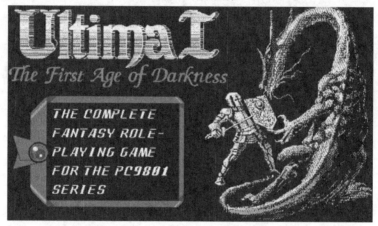

图 1-15　《创世纪》一代的游戏启动界面

　　由于技术上的诸多限制，网络游戏的显著特点就是在保留完整游戏核心玩法的前提下，尽量简化其他一切美术元素，这其中就包括游戏场景元素，所以当时的游戏场景十分简单，甚至可以说十分简陋，个别游戏直接简化掉了游戏场景，只有游戏互动的主体对象，所以游戏场景美术在这一时期几乎是"灰色"的。但毕竟黑暗是暂时的，光明在发展的脚步下缓缓而来。

　　随着电脑硬件的发展和图像分辨率的提升，游戏图像画面相对之前有了显著的提高，像素图像再也不是大面积色块的意向图形，这时的像素有了更加精细的表现，尽管用当今的眼光我们仍然很难接受这样的图形画面，但在当时看来一个电脑游戏的辉煌时代正在悄然而来。硬件和图像的提升带来的是创意的更好呈现，游戏研发者可以把更多的精力放在游戏规则和游戏内容的实现上，也正是在这个时代不同类型的电脑游戏纷纷出现，并确立了电脑游戏的基本类型，如 ACT（动作游戏）、RPG（角色扮演游戏）、AVG（冒险游戏）、SLG（策略游戏）、RTS（即时战略）等，这些概念和类型定义到今天为止也仍在使用。而这些游戏类型的经典代表作品也都是在这个时代产生的，像 AVG 的典型代表作《猴岛小英雄》、《鬼屋魔影》系列、《神秘岛》系列；ACT 的经典作品《波斯王子》《决战富士山》《雷曼》；SLG 的著名游戏《三国志》系列、席德梅尔的《文明》系列（见图 1-16）；RTS 的开始之作 Blizzard（暴雪）公司的《魔兽争霸》系列以及后来的 Westwood 公司的《C&C》系列。

图 1-16　著名的模拟策略类网络游戏《文明》

　　由于硬件技术的发展使得这一时期的电脑游戏出现了和之前截然相反的特点，那就是在核心玩法的基础上尽可能多地增加美术元素，所以游戏美术技术在这一时期得到了空前的发展，虽然还是采用以像素为主的程序绘图技术，但游戏图像的效果却日趋复杂和华丽。

　　1981 年，美国微软公司的 MS-DOS 操作系统面市，在其垄断 PC 平台的几十年时间里，使电脑游戏的发展达到了一个新的高度，新类型的游戏层出不穷，游戏获得了比以往更加出色的声光效果。在获得更绚丽的游戏效果的同时，硬件技术也在这种需求中不断更新换代和升级，IBM PC 也从 286 升级到 386 再到后来的 486（见图 1-17），CPU 从 16 位升级到了 32 位，内存方面经过了 FP DRAM → EDO DRAM → SDRAM → RDRAM/DDR-SDRAM 的进化过程，储存介质也从最初的软盘变为了如今还在继续使用的光盘，图像的分辨率也在进一步提高。

图 1-17　Intel 公司的 486 电脑芯片

　　随着种种的升级与变化，这时的电脑游戏制作流程和技术要求也有了进一步的发展，电脑游戏不再是最初仅仅遵循一个简单的规则去控制像素色块的简单娱乐游戏。随着技术的整体提升，电脑游戏制作要求更为复杂的内容设定，在规则与对象之外甚至需要剧本，这也要求整个游戏需要更多的图像内容来完善其完整性，于是在程序员不堪重负的同时便衍生出了一个全新的职业角色——游戏美术师。对于游戏美术师的定义，通俗地说凡是电脑游戏中所能看到的一切图像元素都属于游戏美术师的工作范畴，其中包括地形、建筑、植物、人物、动物、动画、特效、界面等的制作。随着游戏美术工作量的不断增大，游戏美术又逐渐细分出原画设定、场景制作、角色制作、动画制作、特效制作等不同的工作岗位。

在 Windows 95 操作系统诞生后越来越多的 DOS 游戏陆续推出了 Windows 版本，越来越多的主流电脑游戏公司也相继停止了 DOS 平台下游戏的研发，转而大张旗鼓全力投入 Windows 平台下的图像技术和游戏的开发。在这个转折时期的代表游戏就是 Blizzard（暴雪）公司的《暗黑破坏神》系列，精细的图像、绝美的场景、华丽的游戏特效都归功于 Blizzard 公司对微软公司 DirectX API（Application Programming Interface，应用程序接口）技术的应用。

就在这样一场电脑图像继续迅猛发展的大背景中，像素图像技术也在日益进化升级，随着电脑图像分辨率的提升，电脑游戏从最初 DOS 时期极限的 480×320 分辨率，发展到后来 Windows 时期标准化的 640×480，再到后来的 800×600、1024×768 等高精度分辨率。游戏画面效果日趋华丽丰富，同时更多的图像特效技术加入到了游戏中，这时的像素图像已经精细到肉眼很难分辨其图像边缘的像素化细节，最初的大面积像素色块的游戏图像被华丽精细的二维游戏图像所取代，从这时开始游戏图像技术由像素图像进入了精细的二维图像时代（见图1-18）。

这时游戏制作不再是仅靠程序员就能完成的工作，游戏美术工作量日益庞大，游戏美术的工作分工日益细化，原画设定、场景制作、角色制作、动画制作、特效制作等专业游戏美术岗位相继出现并成为游戏图像开发必不可缺的重要职业。游戏图像从先前的程序绘图时代进入到了软件绘图时代，游戏美术师需要借助专业的二维图像绘制软件，同时利用自己深厚的艺术修养和美术功底来完成游戏图像的绘制工作，以 Coreldraw 为代表的像素图像绘制软件和后来发展成为主流的综合型绘图软件 Photoshop 都逐渐成为主流的游戏图像制作软件。

图1-18　640×480 分辨率下的 2D 游戏图像效果

1996 年，3dfx 公司制造的 Voodoo 显卡面市，作为 PC 历史上最早的 3D 加速显卡，从它诞生伊始就吸引了全世界的目光，第一款正式支持 Voodoo 显卡的游戏作品就是如今大名鼎鼎的《古墓丽影》，从 1996 年美国 E3 展会上劳拉·克劳馥（Lara Croft）的迷人曲线吸引了所有玩家的目光开始，绘制这个美丽背影的 Voodoo 显卡和 3dfx 公司也开始了其传奇的旅途（见图 1-19）。在相继推出 Voodoo2、Banshee 和 Voodoo3 等几个极为经典的产品后，3dfx 站了 3D 游戏世界的顶峰，所有的 3D 游戏，不管《极品飞车》还是《古墓丽影》，甚至是 Id Software 公司的《雷神之锤》，无一不对 Voodoo 系列显卡进行了优化，全世界都被 Voodoo 的魅力深深吸引，从此 3D 游戏时代正式到来。

图 1-19　劳拉随着游戏图像技术的发展日渐精细

从 Voodoo 的开疆扩土到 NVIDIA 称霸天下，再到如今 NVIDIA、ATI、Intel 的三足鼎立，计算机图形图像技术进入了全新的三维时代，而电脑游戏图像技术也翻开了一个全新的篇章。伴随着 3D 技术的兴起，电脑游戏美术技术经历了程序绘图时代、软件绘图时代，最终迎来了今天的游戏引擎时代。

无论 2D 游戏还是 3D 游戏，无论角色扮演游戏、即时策略游戏、冒险解谜游戏或是动作射击游戏，哪怕是一个只有 1MB 的小游戏，都有这样一段起控制作用的代码，这段代码可以笼统地称为"引擎"。当然，或许最初在像素游戏时代，一段简单的程序编码可以被称为引擎，但随着计算机游戏技术的发展，经过不断进化，如今的游戏引擎已经发展为一套由多个子系统共同构成的复杂系统，从建模、动画到光影、粒子特效，从物理系统、碰撞检测到文件管理、网络特性，还有专业的编辑工具和插件，几乎涵盖了开发过程中的所有重要环节，这一切所构成的集合系统才是今天真正意义的"游戏引擎"（见图 1-20）。过去单纯依靠程序、美工的时代已经结束，以游戏引擎为核心的集体合作时代已经到来，这也就是我们所说的游戏引擎时代。

图 1-20　游戏引擎编辑器

1.3　网络游戏项目场景制作流程

随着硬件技术和软件技术的发展，电脑游戏和电子游戏的开发设计变得越来越复杂，游戏的制作再也不是以前仅凭借几个人的力量在简陋的地下室里就能完成的工作了，现在的游戏制作领域更加趋于团队化、系统化和复杂化。

作为一款游戏产品，立项与策划阶段是整个游戏产品项目开始的第一步，这个阶段大致占了整个项目开发周期 20%的时间。在一个新的游戏项目启动之前，游戏制作人必须向公司提交一份项目可行性报告书，这份报告在游戏公司管理层集体审核通过后，游戏项目才能正式被确立和启动。

当项目可行性报告通过后，游戏项目负责人需要与游戏项目的策划总监，以及制作团队中的核心研发人员进行"头脑风暴"会议，为游戏整体的初步概念进行设计和策划，其中包括游戏的世界观背景、视觉画面风格、游戏系统和机制等，初步的项目策划文档确立后才正式进入到游戏的制作阶段。游戏项目的制作阶段一般分为前期、中期、后期三个时间段，图 1-21 所示为网络游戏项目研发流程图。

在制作前期，游戏项目团队中的企划部、美术部、程序部三个部门同时开工。企划部开始撰写游戏剧本和游戏内容的整体规划。美术部中的游戏原画师开始设定游戏整体的美术风格，三维模型师根据既定的美术风格制作一些基础模型，这些模型大多只是拿来用作前期引擎测试，并不是在以后的真正游戏中大量使用的模型，所以制作细节上并没有太多要求。程序部在制作前期的任务最为繁重，因为他们要进行游戏引擎的研发，或者一般来说在整个项目开始以前他们就已经提前进入游戏引擎研发阶段，在这段时间里他们不仅要搭建游戏引擎的主体框架，还要开发许多引擎工具以供日后企划部和美术部所用。

图 1-21　网络游戏项目研发流程

到了制作中期，企划部进一步完善游戏剧本，内容企划开始编撰游戏内角色和场景的文字描述文档，包括主角背景设定、不同场景中 NPC 和怪物的文字设定、BOSS 的文字设定、不同场景风格的文字设定等，各种文档要同步传给美术组以供参考使用。

美术部在这个阶段要承担大量的制作工作，游戏原画师在接到企划文档后，要根据企划的文字描述开始设计绘制相应的角色和场景原画设定图，然后把这些图片交给三维制作组来制作大量游戏中需要应用的三维模型。同时三维制作组还要尽量配合动画制作组以完成角色动作、技能动画和场景动画的制作，之后美术组要利用程序组提供的引擎工具把制作完成的各种角色和场景模型导入游戏引擎中。另外，关卡地图编辑师要利用游戏引擎编辑器开始着手各种场景或者关卡地图的编辑绘制工作，而界面美术师也需要在这个阶段开始游戏整体界面的设计绘制工作。由于已经初步完成了整体引擎的设计研发，程序部在这个阶段工作量相对减轻，继续完善游戏引擎和相关程序的编写，同时针对美术部和企划部反馈的问题进行解决。

在制作后期，企划部把已经制作完成的角色模型利用程序提供的引擎工具赋予其相应属性，脚本企划同时要配合程序组进行相关脚本的编写，数值企划则要通过不断的演算测试调整角色属性和技能数据，并不断对其中的数值进行平衡化处理。

美术部中的原画组、模型组、动画组的工作则继续延续制作中期的工作任务，要继续完成相关设计、三维模型及动画的制作，同时要配合关卡地图编辑师进一步完善关卡和地图的编辑工作，并加入大量的场景效果和后期粒子特效，界面美术设计师则继续对游戏界面的细节部分做进一步的完善和修改。

程序部在这个阶段要对已经完成的所有游戏内容进行最后的整合，完成大量人机交互内容的设计制作，同时要不断优化游戏引擎，并要配合另外两个部门完成相关工作，最终制作出游戏的初级测试版本。

通常来说，在项目公司内部游戏产品要分为 Alpha 和 Beta 两个测试版本。Alpha 测试阶段的目标是将以前所有的临时内容全部替换为最终内容，并对整个游戏体验进行最终的调整。随着测试部门问题的反馈和整理，研发团队要及时修改游戏内容，并不断更新游戏的版本序号。如果游戏产品 Alpha 测试基本通过后，就可以转入 Beta 测试阶段了，一般处于 Beta 状态的游戏不会再添加大量新内容，此时的工作重点是对于游戏产品的进一步整合和完善。

如果是网络游戏，之后的封闭测试阶段是必不可少的。封闭测试属于开放性测试，要在网络上招募大量的游戏玩家展开游戏内测。在内测阶段，游戏公司邀请玩家对游戏运行性能、游戏设计、游戏平衡性、游戏 BUG 以及服务器负载等进行多方面测试，以确保游戏正式上市后能顺利运行。内测结束后就可以进入公测阶段，此阶段基本可以看作是准运营状态。

以上就是一款网络游戏项目从诞生到完成的基本流程，下面我们将针对网络游戏的场景部分，讲解其具体的制作流程。

1.3.1　确定场景规模

在游戏企划部给出基本的策划方案和文字设定后，第一步要做的并不是根据策划方案来进行场景美术的设定工作，在此之前，首要的任务就是先确定场景的大小，这里所说的大小主要指场景地图的规模以及尺寸。所谓"地图"的概念就是不同场景之间的地域区划，如果把游戏中所有场景看作一个世界体系，那么这个世界中必然包含不同的区域，其中每一块区域被称作游戏世界的一块"地图"，地图与地图之间通过程序相连接，玩家可以在地图之间自由行动和切换（见图 1-22）。

图 1-22　网络游戏中的游戏地图

　　通过游戏企划部提供的场景文字设定资料，可以得知场景中所包含的内容以及玩家在这个场景中的活动范围，这样就可以基本确定场景的大小，不同类型游戏中场景地图的制作方法也有所不同。在像素或 2D 类型的游戏中，游戏场景地图是由一定数量的图块（Tile）拼接而成的，其原理类似于铺地板，每一块 Tile 中包含不同的像素图形，通过不同 Tile 自由组合拼接就构成了画面中不同的美术元素。通常来说，平视或俯视 2D 游戏中的 Tile 是矩形的，2.5D 的游戏中 Tile 是菱形的，但最终计算机程序都会按照矩形图块来处理运算，这种原理也是二维地图编辑器的制作原理（见图 1-23）。

图 1-23　2D 游戏地图的制作原理

　　在三维游戏中，场景地图是通过引擎编辑器制作生成的，在引擎编辑器中可以设定地图区块的大小，通过地图编辑功能制作出地图中的地表形态，然后可以导入之前制作完成的三维模型元素，通过排布、编辑、整合最终完成整个场景地图的制作。

1.3.2　场景原画设定

　　当游戏场景地图的大小确定下来之后，接下来需要游戏美术原画设计师根据策划文案的描述来进行场景原画的设定和绘制。场景原画设定是对游戏场景整体美术风格的设定和对游戏场景中所有美术元素的设计绘图，从类型上来分，游戏场景原画又分为概念类场景原画和制作类场景原画。

概念类场景原画是指原画设计师针对游戏策划的文案描述对游戏场景进行整体美术风格和游戏环境基调设计的原画类型（见图 1-24）。游戏原画师会根据策划人员的构思和设想，对游戏场景中的环境风格进行创意设计和绘制，概念类场景原画不要求绘制十分精细，但要综合游戏的世界观背景、游戏剧情、环境色彩、光影变化等因素。相对于制作类场景原画的精准设计，概念类场景原画更加笼统，这也是将其命名为概念类场景原画的原因。

图 1-24 概念类场景原画

在概念类场景原画确定之后，游戏场景基本的美术风格就确立下来，之后就需要开始场景制作类原画的设计和绘制。场景制作类原画是指对游戏场景中具体美术元素的细节进行设计和绘制的原画类型。这也是通常意义上所说的游戏场景原画，其中包括游戏场景建筑原画（见图 1-25）和场景道具原画。制作类场景原画不仅要在整体上表现出清晰的物体结构，更要对设计对象的细节进行详细描述，这样才能便于后期美术制作人员进行实际美术元素的制作。

图 1-25 游戏场景建筑原画

1.3.3 制作场景元素

在场景地图确定之后就要开始制作场景地图中所需的美术元素了，包括场景道具、场景建筑、场景装饰、山石水系、花草树木等，这些美术元素是构成游戏场景的基础元素，其制作质量直接关系到整个游戏场景的优劣，所以这部分是游戏制作公司中美术部工作量最大的一个环节。

在传统像素和 2D 游戏中的美术元素都是通过 Tile 拼接组合而成的，而对于现在高精细度的 2D 或 2.5D 游戏，其中的美术元素大多通过三维建模，然后渲染输出成二维图片再通过 2D 软件编辑修饰，最终才能制作成游戏场景中所需的美术元素图层。三维游戏中的美术元素基本都是由 3ds Max 软件制作出的三维模型（见图 1-26）。

以一款三维网络游戏来说，其场景制作最主要的工作就是对三维场景模型的设计制作，包括场景建筑模型、山石树木模型以及各种场景道具模型等。除了在制作的前期需要将基础三维模型提供给 Demo 的制作，在中后期更需要用大量的三维模型来充实和完善整个游戏场景和环境，所以在三维网络游戏项目中，需要大量的三维美术师。

三维美术设计师要求具备较高的专业技能，不仅要熟练掌握各种复杂的高端三维制作软件，更要有极强的美术塑形能力。在国外，专业的游戏三维美术师大多是美术雕塑系或建筑系出身，除此之外，游戏三维美术设计师还需要具备大量的相关学科知识，例如建筑学、物理学、生物学、历史学等。

图 1-26　三维场景建筑模型

1.3.4 场景的构建与整合

有了场景地图，也就有了所需的美术元素，剩下的工作就是要把美术元素导入场景地图中，通过拼接整合最终得到完整的游戏场景。这一部分的工作要根据企划的文字设定资料来进行，在大地图中根据资料设定的地点、场景依次制作，包括山体、地形、村落、城市、道路以及其他特定区域的制作。2D 网络游戏中这部分工作是靠二维地图编辑器制作完成的，而 3D 网络游戏中是靠游戏引擎编辑器制作完成的。

在成熟化的三维游戏商业引擎普及之前，早期三维网络游戏场景所有美术资源的制作都是在三维软件中完成的，除了场景道具、场景建筑模型，甚至包括游戏中的地形山脉都是利用模型来制作的。而一个完整的三维游戏场景包括众多的美术资源，所以用这样的方法制作的游戏场景模型会产生数量巨大的多边形面数，不仅导入游戏中的过程十分烦琐，而且制作过程中三维软件本身就承担了巨大的负载，经常会出现系统崩溃、软件跳出的现象。

随着技术的发展，在进入游戏引擎时代以后，以上所有问题都得到了完美的解决，游戏引擎编辑器不仅可以帮助我们制作出地形和山脉的效果，除此之外，水面、天空、大气、光效等很难利用三维软件制作的元素都可以通过游戏引擎来完成。尤其是野外游戏场景的制作，我们只需要利用三维软件来制作独立的模型元素，其余80%的场景工作任务都可以通过游戏引擎地图编辑器来整合和制作（见图1-27）。利用游戏引擎地图编辑器制作游戏地图场景主要包括以下几方面的内容：

（1）场景地形地表的编辑和制作。

（2）场景模型元素的添加和导入。

（3）游戏场景环境效果的设置，包括日光、大气、天空、水面等方面。

（4）游戏场景灯光效果的添加和设置。

（5）游戏场景特效的添加与设置。

（6）游戏场景物体效果的设置。

图1-27　利用引擎地图编辑器编辑场景

其中，大量的工作时间都集中在游戏场景地形地表的编辑制作上，引擎地图编辑器制作地形的步骤是首先将地表平面划分为若干分段的网格模型，然后利用笔刷进行控制，实现垂直拉高形成的山体效果或者塌陷形成的盆地效果，接着通过类似于 Photoshop 的笔刷绘制方法来对地表进行贴图材质的绘制，最终实现自然的场景地形效果。

1.3.5　场景的优化与渲染

以上工作都完成以后整个场景就基本制作完成了，最后要对场景进行整体的优化和完善，为场景进一步添加装饰道具，精减多余的美术元素。除此以外，还要为场景添加各种粒子特效和动画等（见图1-28）。

图 1-28　游戏场景特效

3D 游戏特效的制作，首先要利用 3ds Max 等三维制作软件创建出粒子系统，然后将事先制作的三维特效模型绑定到粒子系统上，之后还要针对粒子系统进行贴图的绘制。贴图通常要制作为带有镂空效果的 Alpha 贴图，有时还要制作贴图的序列帧动画，最后还要将制作完成的素材导入游戏引擎特效编辑器中，对特效进行整合和细节调整。

对于游戏特效美术师来说，他们在游戏美术制作团队中有一定的特殊性，既难以将其归类于二维美术设计人员，也难以将其归类于三维美术设计人员。游戏特效美术师不仅要掌握三维制作软件的操作技能，还要对三维粒子系统有深入研究，同时还要具备良好的绘画功底、修图能力和动画设计制作能力。所以，游戏特效美术师是一个具有复杂性和综合性的游戏美术设计岗位，是游戏开发中必不可少的职位，同时入门门槛也比较高，需要从业者具备高水平的专业能力。在一线的游戏研发公司中，游戏特效美术师通常都是具有多年制作经验的资深从业人员，所得到的薪水待遇相应来说也高于其他游戏美术设计人员。

1.4　游戏美术设计师职业前景

我国的游戏业起步并不算晚，从 20 世纪 80 年代中期台湾游戏公司崭露头角到 90 年代大陆大量游戏制作公司的出现，我国游戏业也发展了近 40 年的时间。在 2000 年以前，由于市场竞争和软件盗版问题，我国游戏业始终处于旧公司倒闭与新公司崛起的快速新旧更替之中。当时由于行业和技术限制，几个人的团队便可以组在一起去开发一款游戏，研发团队中的技术人员也就是我国最早的游戏制作从业者，当游戏公司运作出现问题或者倒闭后，他们便会进入新的游戏公司继续从事游戏研发，所以早期游戏行业中从业人员的流动基本属于"圈内流动"，很少有新人进入这个领域，或者说也很难进入这个领域。

在 2000 年以后我国网络游戏开始崛起并迅速发展为游戏业内的主流力量，由于新颖的游戏形式以及可以完全避免盗版的困扰，国内大多数游戏制作公司开始转型为网络游戏公司，同时也出现了许多大型的专业网络游戏代理公司，如盛大、九城等。由于硬件和技术的发展，网络游戏的研发不再是单凭几个人就可以完成的项目，它需要大量专业的游戏制作人员，之前的"圈内流动"模式显然不能满足从业市场的需求，游戏行业第一次降低入门门槛，于是许多相关领域的人士，如建筑设计行业、动漫设计行业以及软件编程人员等都纷纷转行进入了这个朝气蓬勃的新兴行业当中，然而对于许多大学毕业生或者完全没有相关从业经验的人来说，游戏制作行业仍然属于高精尖技术行业，一般很难达到其入门门槛，所以国内游戏行业从业人员开始了另一种形式上的"圈内流动"。

从 2004 年开始，由于世界动漫及游戏产业发展迅速，政府高度关注和支持国内相关产业，大量民办动漫游戏培训机构如雨后春笋般出现，一些高等院校也陆续开设了游戏设计类专业，这使得那些怀揣游戏梦想的人无论从传统教育途径还是社会办学，都可以很容易地接触到相关的专业培训，之前的"圈内流动"现象彻底被打破，国内游戏行业的就业门槛放低到了空前的程度。

虽然这几年有大量的新人涌入游戏行业，但整个行业对于就业人员的需求饱和度不仅没有减少，相反还处于日益增加的状态。我们先来看一组数据：2006 年，我国游戏产业的市场份额首次超过韩国，成为亚洲最大的游戏市场。2009 年我国网络游戏市场实际销售额为 256.2 亿元，同比增长 39.4%。2011 年，我国网络游戏市场规模为 468.5 亿元，同比增长 34.4%，其中互联网游戏为 429.8 亿元，同比增长 33.0%，移动网游戏为 38.7 亿元，同比增长 51.2%。根据《2013 年游戏产业报告》显示，2013 年我国游戏玩家数量已经达到 4.9 亿人，游戏市场销售收入高达 831.7 亿元，比 2012 年增长 38%。其中客户端网络游戏收入 536.6 亿元，网页游戏收入 127.7 亿元，移动游戏收入 112.4 亿元，社交游戏收入 54.1 亿元，单机游戏收入 0.9 亿元，均显示出迅猛的发展势头。而随着未来智能手机和平板电脑的持续热销，宽带网络以及 4G 网络的进一步普及，我国游戏产业还将继续保持高速发展。在这期间虽然受到世界金融危机的影响，全球的互联网和 IT 行业普遍处于不景气的状态，但我国的游戏产业在这一时期不仅没有受到影响，相反还更显出强劲的增长势头，我国的游戏行业正处于飞速发展的黄金时期，因此对于专业人才的需求一直居高不下。有资料显示，预计未来 3～5 年，我国游戏人才缺口将高达 30 万人，而目前我国游戏技术从业人员不足 5 万人，远低于游戏人才需求的总量，所以不少游戏公司不惜重金和血本只为吸引和留住更多的行业人才。

对于游戏制作公司来说，游戏研发人员主要包括三部分：企划、程序和美术，这三种职业在美国所享受的薪资待遇从高到低分别为：程序、美术、企划。以美国游戏行业 2012 年收入水平为例，游戏程序员的年薪为 8.5337 万美元，游戏美术师年薪为 7.1354 万美元，游戏策划的年薪为 7.0223 万美元。综合统计，游戏美术设计师可以拿到的年薪平均在 6～8 万美元。国内由于地域和公司的不同薪资的差别比较大，但整体来说薪资水平从高到低仍然是：程序、美术、企划。而对于行业内人员需求的分配比例来说，从高到低依次为：美术、程序、企划。所以，综合考虑，游戏美术设计师在游戏制作行业是非常好的就业选择，其职业前景也十分光明。

2010 年以前，我国网络游戏市场一直是客户端网游的天下，但近两年网页游戏、手机游戏发展非常快，网页游戏逐渐成为网络游戏的主力，由于智能手机和平板电脑的快速普及，移动游戏同样发展迅速，2011 年互联网游戏用户总数突破 1.6 亿人，同比增长 33%，其中，网页游戏用户持续增长，规模为 1.45 亿人，增长率达 24%，移动网下载单机游戏用户超过 5100 万人，增长率达 46%，移动网在线游戏用户数量达 1130 万人，增长率高达 352%。在未来，网页游戏和手机游戏行业的人才需求将会不断增加，拥有更加广阔的前景。

　　面对如此广阔的市场前景，游戏美术设计从业人员可以根据自己的特长和所掌握的专业技能来选择适合的就业方向，拥有单一专业技能的设计人员可以选择加入传统的客户端网游制作公司，拥有高尖端专业设计能力的人员可以选择去次时代游戏研发公司，而具备综合设计制作能力的游戏美术人员可以加入页游或者手机游戏公司。众多的就业路线和方向大大拓宽了游戏美术设计从业者的就业范围，无论选择哪一条道路，通过自己的不断努力最终都将会在各自的岗位上绽放出绚丽的光芒。

CHAPTER **2**

3ds Max
软件操作基础

3ds Max 的全称为 3D Studio Max，是 Autodesk 公司开发的基于 PC 系统的三维动画渲染和制作软件，其前身是基于 DOS 操作系统的 3D Studio 系列软件。在 Windows NT 出现以前，工业级的 CG 制作被 SGI 图形工作站所垄断，而"3D Studio Max + Windows NT"组合的出现降低了 CG 制作的门槛。

作为元老级的三维制作软件，3ds Max 和 Maya 一样，都具有独立完整的设计功能，广泛应用于广告、影视、工业设计、建筑设计、多媒体制作、游戏、辅助教学，以及工程可视化等领域。在影视、广告、工业设计方面，3ds Max 的优势相对来说可能没有那么明显，但由于其堆栈操作简单便捷，再加上强大的多边形编辑功能，3ds Max 在建筑设计方面显示出独一无二的优势。Autodesk 公司较为完善的建筑设计解决方案——Autodesk Building Design Suite 建筑设计套件选择 3ds Max 作为主要的三维制作软件，由此可见 3ds Max 在三维建筑设计领域的优势和地位。而在国内发展相对比较成熟的建筑效果图和建筑动画制作领域中，3ds Max 更是占据了很大的优势。

由于游戏引擎和程序接口等方面的原因，国内大多数游戏公司选择 3ds Max 作为主要的三维游戏美术设计软件，对于三维游戏场景美术制作来说，3ds Max 更是首选软件。在进一步强化 Maya 整体功能的同时，Autodesk 公司并没有停止对 3ds Max 的研究与开发，每一代的更新都在强化原有系统的基础上增加了实用的新功能，同时还应用了 Maya 的部分优秀理念，使 3ds Max 成为更加专业和强大的三维制作软件。本章将带领大家详细了解 3ds Max 操作基础。

2.1　3ds Max 软件的安装

我们可以登录 Autodesk 的官方网站，从上面下载 3ds Max 的最新版安装程序，新下载的软件可以免费试用 30 天。随着微软 Windows 64 位操作系统的普及，3ds Max 软件从 9.0 版开始分为 32 位和 64 位两种软件版本，用户可以根据自己的电脑硬件配置和操作系统来自行选择安装适合的版本。

与其他图形设计类软件一样，3ds Max 的安装程序也采用了人性化、便捷化的安装流程，整体的安装方法和步骤十分简单。下面以 3ds Max 2022 为例来讲解 3ds Max 的安装过程。

（1）双击 3ds Max 软件安装程序的图标，启动运行安装程序界面。与其他软件的安装一样，接下来会弹出许可及服务协议界面，勾选"我同意"并单击"下一步"按钮继续软件的安装（见图 2-1）。

（2）此时会弹出产品信息界面，需要选择购买产品的注册认证类型，包括单机版和联机版，使用 PC 的用户通常选择单机版。下面是产品信息的注册，需要填写正版软件产品的序列号及产品密钥。如果还没有购买正版软件，可以选择免费试用。

（3）在接下来的界面中选择软件的安装路径，我们可以选择默认路径，也可以自行选择安装路径（见图 2-2）。

图 2-1　许可及服务协议界面

图 2-2　选择安装路径

（4）这时弹出的是 3ds Max 组件安装界面，包括一些软件所附带的常规组件，如材质库（Material Library）等（见图 2-3）。可以根据自己的需要选择安装，选择完成后单击"安装"按钮即可正式开始软件的安装过程（见图 2-4）。

图 2-3　3ds Max 组件安装界面

图 2-4　软件正式安装

（5）等软件全部安装完成后，我们可以在桌面的安装目录里找到 3ds Max，然后可以选择相应的语言版本，如"Simplified Chinese"或"English"。如果购买了正版软件，还需要对其进行激活操作。在 Autodesk 隐私保护政策界面中勾选"我已阅读 Autodesk 隐私保护政策，并同意我的个人数据依照该政策使用、处理和存储（包括该政策中说明的跨国传输）。"复选框并单击"继续"按钮（见图 2-5）。

（6）此时将弹出 3ds Max 正版注册及激活界面，由于之前我们已经输入了产品序列号及密钥，所以可以直接选择"立即连接并激活！"单选按钮，也可以在下方输入 Autodesk 提供的激活码来激活软件（见图 2-6）。

Autodesk 隐私保护政策

在您与 Autodesk 进行交互时 (例如您激活并注册您的许可)，我们可能会收到关于您的个人数据。若要继续，请同意"Autodesk 隐私保护政策"，该政策说明了我们如何使用和保护您的个人数据。

☑ 我已阅读 Autodesk 隐私保护政策，并同意我的个人数据依照该政策使用、处理和存储(包括该政策中说明的跨国传输)。

后退(G)　　　　　　　　　　　　　　　　　　　　　　　　　继续(C)

图 2-5　Autodesk 隐私保护政策界面

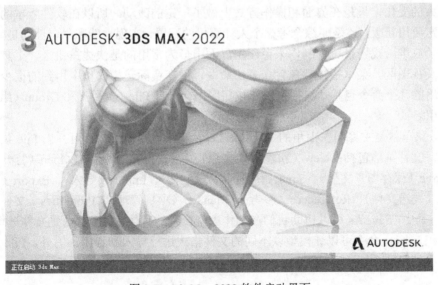

序列号:　　666-69696969
产品密钥:　128D1
申请号:　　7TQX 1D27 85SP Y6FX RA1K X0SF FQLP 2C3Z

要立即激活您的 Autodesk 3ds Max 2012 许可，请再次选择"立即连接并激活"。如果在激活的过程中您仍然遇到问题，并且您已经向 Autodesk 申请激活码并收到了该激活码，请选择"我具有 Autodesk 提供的激活码"。

○ 立即连接并激活！(建议)

⦿ 我具有 Autodesk 提供的激活码

1	2	3	4
5	6	7	8
9	10	11	12
13	14	15	16

全部清除

上一步　　关闭　　下一步

图 2-6　3ds Max 正版注册及激活界面

　　到此已完成软件安装的所有步骤，接下来就可以从系统菜单中选择相应的语言版本启动 3ds Max 并进行各种设计和制作工作了（见图 2-7）。

图 2-7　3ds Max 2022 软件启动界面

2.2 3ds Max 的主界面和快捷按钮

单击 3ds Max 图标可启动软件，展开的窗口就是 3ds Max 的主界面，其从整体来看主要分为：菜单栏、快捷按钮区、快捷工具菜单、工具命令面板区、动画与视图操作区，以及视图区六大部分（见图 2-8）。

图 2-8　3ds Max 的主界面

3ds Max 2010 版本以后，软件在建模、材质、动画、场景管理以及渲染方面较之前都有了大幅度的变化和提升。其中，窗口及 UI 界面较之前的软件版本变化很大，但大多数功能对于三维游戏场景建模来说并不是十分必要的功能，而基本的多边形编辑功能并没有很大的变化，只是在界面和操作方式上做了一定的改动。所以在软件版本的选择上并不一定要用新版，还是要综合考虑个人计算机的配置，实现性能和稳定性的良好协调。

对于三维游戏场景美术制作来说，主界面中最为常用的是快捷按钮区、工具命令面板区以及视图区。菜单栏虽然包含众多的命令，但在实际建模操作中用到的很少，菜单栏中常用的几个命令也基本包括在快捷按钮区中，只有 File（文件）和 Group（组）菜单比较常用。

File 菜单就是主界面左上角的 3ds Max Logo 按钮，单击该按钮可弹出 File 菜单（见图 2-9）。文件菜单包括：New（新建场景文件）、Reset（重置场景）、Open（打开场景文件）、Save（保存场景文件）、Save As（另存场景文件）、Import（导入）、Export（导出）、Send to（发送文件）、References（参考）、Manage（项目管理）、Properties（文件属性）等命令。其中，Save As 可以帮助我们在制作大型场景的时候，将当前场景文件进行备存，Import 和 Export 命令可以让模型以不同的文件格式进行导入和导出。另外，File 菜单右侧会显示我们最近打开过的 3ds Max 文件。

图 2-9　File 菜单

3ds Max 菜单栏第四项是 Group 菜单（见图 2-10），在菜单列表中有 8 项命令，其中前 6 项是常用命令，包括：Group（编组）、Ungroup（解组）、Open（打开组）、Close（关闭组）、Attach（结合进组）、Detach（分离出组）等。

Group（编组）：选中想要编辑成组的所有模型物体，单击 Group命令就可以将其编辑成组。所谓的组，就是指模型物体的集合，成组后的模型物体将变为一个整体，遵循整体命令操作。

Ungroup（解组）：与 Group 命令恰恰相反，是将选中的编组解体的操作命令。

Open（打开组）：如果在模型编辑成组以后还想要对其中的个体进行操作，那么就可以利用这个命令。组被打开以后模型集合周围会出现一个粉红色的边框，这时就可以对其中的个体模型进行编辑操作。

图 2-10　Group 菜单

Close（关闭组）：与 Open 命令相反，是将已经打开的组关闭的操作命令。

Attach（结合进组）：如果想要将一个模型加入已经存在的组，可以利用这个命令。具体操作为，选中想要进组的模型物体，单击 Attach 命令，然后单击组或者组周围的粉红色边框，这样模型物体就加入到了已存在的编组当中。

Detach（分离出组）：与 Attach 命令相反，是将模型物体从组中分离的操作命令。首先需要将组打开，选中想要分离出组的模型物体，然后单击 Detach 命令，这样模型物体就从组中分离出去了。

Explode（炸组）和 Assembly（组装）：在游戏制作中很少使用，这里不做过多讲解。

编组命令在制作大型场景的时候非常有用，可以更加方便地对场景中的大量模型物体进行整体和局部操作。接下来，我们针对快捷按钮区的每一组按钮进行详细讲解。

2.2.1　撤销与物体绑定按钮组

撤销与物体绑定按钮组如图 2-11 所示。

图 2-11　撤销与物体绑定按钮组

Undo（撤销）按钮：这个按钮用来取消刚刚进行的上一步操作，当自己感觉操作有误想返回前一步操作的时候可以执行这个命令，快捷键为"Ctrl+Z"。MAX 默认的撤销步数为 20 步，其实这个数值是可以设置的，在菜单栏"自定义（Customize）"一栏中选择最后一项"参考设置（Preferences）"选项，在"常规（General）"标签栏下的第一项"撤销场景步数（Scene Undo Levels）"中即可设置自己想要的数值（见图 2-12）。

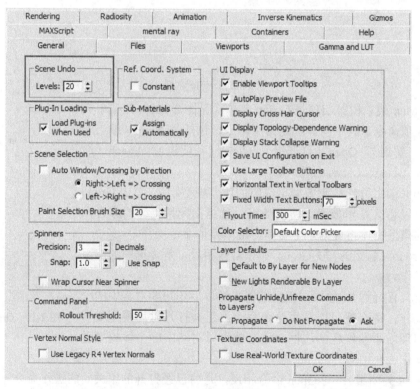

图 2-12　设置撤销步数

Redo（取消撤销）按钮：当执行撤销命令后，想取消撤销操作并返回最后一步操作时执行此命令，快捷键为"Ctrl+Y"。

Select and Link（物体选择绑定）按钮：假设在场景中有 A 物体和 B 物体，想要让 B

物体成为 A 物体的附属物体，并且在 A 物体进行移动、旋转、缩放的时候 B 物体也随之进行，那么就要应用到此命令。具体操作为，先选中 B 物体，单击绑定按钮，然后将鼠标移动到 B 物体上出现绑定图标，按住鼠标左键并拖曳到 A 物体上即完成绑定操作。此时 B 物体成为 A 物体的子级物体，同样 A 物体就成为 B 物体的父级物体，在层级关系列表中也可查看，父级物体能影响子物体，反之则不可。

这项命令在游戏场景制作中十分重要，如在一个复合场景建筑中，将一座宫殿和它附属的回廊、阙楼以及相关建筑绑定到一起，对于场景的整体操作将变得十分方便快捷，"成组（Group）"命令也有异曲同工的作用。

Unlink Selection（取消绑定）按钮：假设 A 物体和 B 物体之间存在绑定关系，如果想要取消它们之间的绑定则应用此命令。具体操作为，同时选中 A 物体和 B 物体，单击此按钮就可将绑定关系取消。

Band to Space Warp（空间绑定）按钮：主要针对 3ds Max 的空间和力学系统，在游戏场景制作中较少涉及，所以这里不做详细讲解。

2.2.2 物体选择按钮组

物体选择按钮组如图 2-13 所示。

图 2-13　物体选择按钮组

Select Object（选择物体）按钮：通常鼠标为指针的状态下就是物体选择模式，单个单击为单体选择，拖曳鼠标可进行区域选择，快捷键为"Q"。

Select by Name（物体列表选择）按钮：在复杂的场景文件中可能包含几十、上百甚至几百个的模型物体，要想用通常的选择方式来快速找到想要选择的物体几乎不可能，通过物体列表将所选物体的名字输入便可立即找到该模型物体，快捷键为"H"。

选择列表窗口上方从左往右为显示类型，依次为：几何模型、二维曲线、灯光、摄像机、辅助物体、力学物体、组物体、外部参照、骨骼对象、容器、被冻结物体以及隐藏物体，其右侧的 3 个按钮分别为：全部选择、全部取消选择和反向选择（见图 2-14）。通过分类选择可以更加快速地找到想要选择的物体。

图 2-14　物体列表选择窗口

Rectangular Selection Region（区域选择）按钮：在鼠标选择状态下单击拖动即可出现区域选择框，对多个物体进行整体选择。按住区域选择按钮会出现按钮下拉列表，可以选择不同的区域选择方式，依次分别为：矩形选区、圆形选区、不规则直线选区、曲线选区和笔刷选区（见图2-15）。

图2-15　区域选择方式

Window/Crossing（半选/全选模式）按钮：默认状态下为半选模式，即与复选框接触到就可以被选中。单击该按钮进入全选模式，在全选模式下物体必须全部纳入到复选框内才能被选中。

2.2.3　物体基本操作与中心设置按钮组

物体基本操作与中心设置按钮组如图2-16所示。

图2-16　物体基本操作与中心设置按钮组

Move（移动）按钮：选择物体单击此按钮便可在X、Y、Z三个轴向上完成物体的移动操作，快捷键为"W"。

Rotate（旋转）按钮：选择物体单击此按钮便可在X、Y、Z三个轴向上完成物体的旋转操作，快捷键为"E"。

Scale（缩放）按钮：选择物体单击此按钮便可在X、Y、Z三个轴向上完成物体的缩放操作，快捷键为"R"。

以上三种操作是3ds Max中模型物体最基本的三种操作方式，也是最常用的操作命令。在三个按钮下，单击鼠标右键会出现参数设置窗口，在该窗口中，可以通过数值控制的方式对模型物体进行更为精确的移动、旋转和缩放操作。

Use Povit Point Center（中心设置）按钮：单击该按钮会出现下拉按钮列表，分别为将全部选择物体的中心设定为物体各自重心的中心点、将全部物体的中心设定为整体区域的中心、将全部物体的中心设定为参考坐标系的原点。

这里涉及一个小技巧，如果物体的重心出现偏差，不在原来自身的重心位置怎么办？在主界面右侧的工具面板区域中，选择第三个"层级（Hierarchy）"面板，然后在第一个标签栏"重心（Pivot）"下可以进行相应设置，同时还可以重置物体的重心（见图2-17）。

图2-17　物体重心的设置

2.2.4　捕捉按钮组

捕捉按钮组如图2-18所示。

图 2-18　捕捉按钮组

捕捉（Snaps）中分为标准捕捉（Standard）和 Nurbs 捕捉，在每种捕捉中都可以捕捉到一些特定的元素，如在标准捕捉中可以捕捉顶点、中点、面、垂足等元素，这些可以在栅格和捕捉设置（Grid and Snap Settings）对话框中进行设置（见图 2-19）。对于具体的设置，这里不做过多讲解，针对性地讲一下游戏场景制作中经常能用到的一条命令设置——按设定角度旋转命令。通过对"角度（Angle）"参数的设置，可以让选中的物体按事先设定角度的倍数进行旋转操作，这对于模型操作中大幅度旋转和精确旋转非常有用。

图 2-19　栅格和捕捉设置（Grid and Snap Settings）对话框

2.2.5　镜像、对齐、层级、石墨工具、动画编辑、材质及渲染按钮组

镜像、对齐、层级、石墨工具、动画编辑、材质及渲染按钮组如图 2-20 所示。

图 2-20　镜像、对齐、层级、石墨工具、动画编辑、材质及渲染按钮组

Mirror（镜像）按钮：将选择的物体进行镜像复制，选择物体单击此按钮后会出现镜像设置窗口（见图 2-21），在该窗口中可以设置镜像的"参考轴向（Mirror Axis）""克隆方式（Clone Selection）"等。如果在克隆方式中选择第一项"不进行克隆（No Clone）"，那么最终将选择的物体进行镜像后不会保留原物体。如果想要将多个物体进行整体镜像操作，则可以将全部物体编辑成组后再进行镜像操作。

Align（对齐）按钮：假如有 A 物体和 B 物体，选择 A 物体然后单击该按钮，在 B 物体上单击便会出现对齐设置窗口，在该窗口中可以设置对齐轴向和对齐方式（见图 2-22）。在第一栏"对齐位置（Align Position）"面板框中，上面三个勾选框分别为按照 X、Y、Z 三个相应轴向进行对齐操作，下面 Current Object 为当前选择物体，Target Object 为目标对齐物体，下面选框中分

图 2-21　镜像设置窗口

别按照不同的对齐方式进行对齐操作，常用的为"Pivot Point（重心点）"对齐。

图 2-22　对齐设置窗口

Graphite Modeling Tools（石墨工具）按钮：用来显示和关闭石墨快捷工具菜单，这是 3ds Max 2010 版本后加入的新功能，主要以更加快捷直观的操作方式来进行模型的编辑与制作，其中的命令和参数与堆栈参数编辑面板中的一致，所以这里不做过多讲解，具体内容在后面的模型制作章节会详细讲到。

层级及动画编辑按钮：在游戏场景制作中较少应用，这里不做过多讲解。

Material Editor（材质编辑器）按钮：此按钮用来开启材质编辑器，对模型物体的材质和贴图进行相关设置，快捷键为"M"。具体内容会在后面的贴图制作章节详细讲解。

Quick Render（快速渲染）按钮：将所选视图中的模型物体用渲染器进行快速预渲染，快捷键为"Shift+Q"。这里主要用于 CG 及动画制作，游戏画面一般采用游戏引擎即时渲染的方式，所以对渲染方面的设置这里不做过多讲解。

2.3　3ds Max 软件视图操作

视图作为 3ds Max 软件中的可视化操作窗口，是三维制作中最主要的工作区域，熟练掌握 3ds Max 视图操作是日后游戏三维美术设计制作最基础的能力，而操作的熟练程度也直接影响着项目的工作效率和进度。

3ds Max 软件界面的右下角就是视图操作按钮，按钮不多却涵盖了几乎所有的视图基本操作，但在实际操作中这些按钮的实用性并不大，因为如果仅靠按钮来完成视图操作，那么整体效率将大大降低。在实际的三维设计和制作中，更多是用每个按钮相应的快捷键来代替单击按钮操作，能熟练运用快捷键来操作 3ds Max 软件也是游戏三维美术师的基本标准之一。

从宏观来概括，3ds Max 视图操作主要包括以下几个方面：视图选择与切换、单视图窗口的基本操作以及视图中右键菜单的操作，下面针对这几个方面做详细讲解。

2.3.1　视图选择与快速切换

在 3ds Max 软件中，视图默认的经典模式是"四视图"，即顶视图、正视图、侧视图和透视图。但这种四视图的模式并不是唯一、不可变的，在视图左上角"+"字体下单击出现的菜单中，如单击最后一项 Configure Viewports，则会出现视图设置窗口，在该窗口中，在 Layout（布局）标签栏下就可以针对自己喜欢的视图样式进行选择（见图 2-23）。

图 2-23　视图设置窗口

　　在游戏场景制作中，最为常用的多视图模式还是经典的四视图模式，因为在这种模式下不仅能显示透视或用户视图窗口，还能显示 Top、Front、Left 等不同视角的视图窗口，让模型的操作更加便捷、精确。在选定好的多视图模式中，将鼠标移动到视图框体边缘可以自由拖动调整各视图之间的大小，如果想要恢复原来的设置，只需要将鼠标移动到所有分视图框体交接处，在出现移动符号后，用鼠标右键单击 Reset Layout（重置布局）即可。

　　下面简单介绍下不同的视图角度：经典四视图中的 Top 视图是指从模型顶部正上方俯视的视角，也称为顶视图；Front 视图是指从模型正前方观察的视角，也称为正视图；Left 视图是指从模型正侧面观察的视角，也称为左视图；Perspective 视图也就是透视图，是以透视角度来观察模型的视角（见图 2-24）。除此以外，常见的视图还包括 Bottom（底视图）、Back（背视图）、Right（右视图）等，分别是顶视图、正视图和侧视图的反向视图。

图 2-24　经典四视图模式

在实际的模型制作中，透视图并不是最为适合的显示视图，最为常用的通常为 Orthographic（用户视图），它与透视图最大的区别是，用户视图中的模型物体没有透视关系，这样更利于在编辑和制作模型时对物体的观察（见图 2-25）。

图 2-25　透视图与用户视图的对比

在视图左上角"+"右侧有两个选项，用鼠标单击可以显示菜单选项（见图 2-26）。图 2-26 中左侧的菜单是视图模式菜单，主要用来设置当前视图窗口的模式，包括：透视图、用户视图、顶视图、底视图、正视图、背视图、左视图、右视图等，分别对应的快捷键为："P"、"U"、"T"、"B"、"F"、"无"、"L"、"无"。在选中的当前视图下或者单视图模式下，都可以直接通过快捷键来快速切换不同角度的视图。多视图和单视图切换的默认快捷键为"Alt+W"。当然，所有的快捷键都是可以设置的，作者更愿意将这个快捷键设定为"空格"键，即 Space。

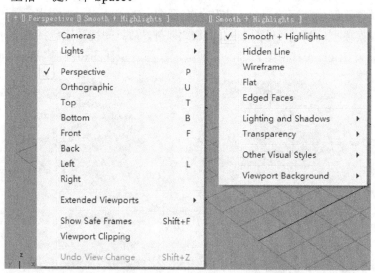

图 2-26　视图模式菜单和视图显示模式菜单

在多视图模式下想要选择不同角度的视图，只需要单击相应视图即可，被选中的视图周围出现黄色边框。这里涉及一个实用技巧：在复杂的包含众多模型的场景文件中，如果当前正选择了一个模型物体，而同时想要切换视图角度，如果直接左键单击其他视图，在视图被选中的同时也会丢失对模型的选择。如何避免这个问题呢？其实很简单，只需要用鼠标右键单击想要选择的视图即可，这样既不会丢失对模型的选择，同时还能激活想要切换的视图窗口，这是在实际软件操作中经常用到的一个技巧。

图 2-26 中右侧的菜单是视图显示模式菜单，主要用来切换当前视窗模型物体的显示方式，包括 5 种显示模式：光滑高光（Smooth + Highlights）模式、屏蔽线框（Hidden Line）模式、线框（Wireframe）模式、自发光（Flat）模式，以及线面（Edged Faces）模式。

Smooth + Highlights 模式是模型物体默认的标准显示方式，在这种模式下，模型受 3ds Max 场景中内置灯光的光影影响；在 Smooth + Highlights 模式下可以同步激活 Edged Faces 模式，这样可以同时显示模型的线框；Wireframe 模式就是隐藏模型实体，只显示模型线框的显示模式。不同模式可以通过快捷键来进行切换，"F3" 键可以切换到 "线框模式"，"F4" 键可以激活 "线面模式"。通过合理的显示模式的切换与选择，可以更加方便模型的制作。图 2-27 分别为这三种模式的显示方式。

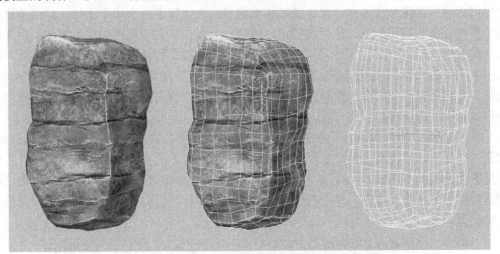

图 2-27　光滑高光模式、线面模式和线框模式

在 3ds Max 9.0 以后，软件又加入了 Hidden Line 和 Flat 模式，这是两种特殊的显示模式。Flat 模式类似于模型自发光的显示效果，而 Hidden Line 模式类似于叠加了线框的 Flat 模式，在没有贴图的情况下模型显示为带有线框的自发光灰色，添加贴图后同时显示贴图跟模型线框。这两种显示模式对于三维游戏制作非常有用，尤其是 Hidden Line 模式，其可以极大地提高即时渲染和显示的速度。

2.3.2　单视图窗口的基本操作

单视图窗口的基本操作主要包括：视图焦距推拉、视图角度转变、视图平移操作等。视图焦距推拉主要用于视图整体操作与精确操作、宏观操作与微观操作的转变；视图推进可以进行更加精细的模型调整和制作；视图拉出可以对整体模型场景进行整体调整和操作，快捷键为 "Ctrl+Alt+鼠标中键单击拖动"，在实际操作中，更为快捷的操作方式可以用鼠标滚轮来实现，滚轮往前滚动为视图推进，滚轮往后滚动为视图拉出。

视图角度转变主要用于模型制作时进行不同角度的视图旋转，方便从各个角度和方位对模型进行操作。具体操作方法为：先同时按住键盘 "Alt" 键与鼠标中键，然后滑动鼠标进行不同方向的转动操作。右下角的视图操作按钮中还可以设置不同轴向基点的旋转，最为常用的是 Arc Rotate Subobject，是以选中物体为旋转轴向基点进行视图旋转的。

视图平移操作方便在视图中进行不同模型间的查看与选择，按住鼠标中键就可以进行上下左右不同方位的平移操作。在 3ds Max 右下角的视图操作按钮中按住 Pan View 按钮可以切换为 Walk Through（穿行模式），这是 3ds Max 8.0 后增加的功能，这个功能对于游戏制作，尤其是三维场景制作十分有用。将制作好的三维游戏场景切换到透视图，然后通过穿行模式可以以第一人称视角的方式身临其境地感受游戏场景的整体氛围，从而进一步发现场景制作中存在的问题，方便以后的修改。在切换为穿行模式后，鼠标指针会变为圆形目标符号，通过"W"和"S"键可以控制前后移动，通过"A"和"D"键可以控制左右移动，通过"E"和"C"键可以控制上下移动，转动鼠标可以查看周围场景，通过"Q"键可以切换行动速度的快慢。

这里还要介绍一个小技巧：如果在一个大型复杂的场景制作文件中，当我们选定一个模型后进行视图平移操作，或者通过模型选择列表选择了一个模型物体，想快速将所选的模型归位到视图中央，这时我们可以通过一个操作来实现视图中模型物体的快速归位，即使用快捷键"Z"，无论当前视图窗口与所选的模型物体处于怎样的位置关系，只要按下"Z"键，都可以让被选模型物体在第一时间迅速移动到当前视图窗口的中间位置。如果当前视图窗口中没有被选择的物体，这时按下"Z"键将整个场景中的所有物体作为整体显示在视图屏幕的中间位置。

在 3ds Max 2009 版本后，软件加入了一个有趣的新工具——ViewCube（视图盒），这是一个显示在视图右上角的工具图标，它以三维立方体的形式显示，并可以进行各种角度的旋转操作（见图 2-28）。盒子的不同面代表了不同的视图模式，通过鼠标单击可以快速切换各种角度的视图，单击盒子左上角的房屋图标可以将视图重置到透视图坐标原点的位置。

图 2-28 ViewCube（视图盒）

另外，在切换单视图和多视图时，特别是切换到用户视图后再切回透视图，经常会发现透视角度会发生改变，这里的视野角度是可以设定的，在视图左上角"+"菜单下的 Configure Viewports 选项中，在 Rendering Method 标签栏的右下角可以用具体数值来设定视野角度，通常默认的标准角度为 45°（见图 2-29）。

图 2-29　视野透视程度的设定

2.3.3　视图中右键菜单的操作

3ds Max 的视图操作除上面介绍的基本操作外，还有一个很重要的部分，即视图中右键菜单的操作。在 3ds Max 视图中，在任意位置单击鼠标右键都会出现一个灰色的多命令菜单，这个菜单中的许多命令设置对于三维模型的制作有着重要的作用。这个菜单中的命令通常都是针对被选择的物体对象的，如果场景中没有被选择的物体模型，那这些命令将无法独立执行。这个菜单包括上下两大部分：Display（显示）和 Transform（变形），下面针对这两部分中重要的命令进行详细讲解。

在 Display 部分中，最重要的就是"冻结"和"隐藏"这两组命令，这是游戏场景制作中经常使用的命令。所谓"冻结"，就是将 3ds Max 中的模型物体锁定为不可操作的状态，被"冻结"后的模型物体仍然显示在视图窗口中，但无法对其进行任何操作。Freeze selection 命令可以对被选择的模型物体进行"冻结"。Unfreeze All 命令可以将所有被"冻结"的模型物体取消"冻结"状态。

通常被"冻结"的模型物体都会变为灰色并且会隐藏贴图显示，由于灰色与视图背景色相同，经常会造成制作上的不便。这里其实是可以设置的，在 3ds Max 右侧 Display 显示面板下的 Display Properties 显示属性一栏中有一个选项"Show Frozen in Gray"，只需要取消勾选这个选项便会避免被"冻结"的模型物体变为灰色状态（见图 2-30）。

所谓"隐藏"，就是让 3ds Max 中的模型物体在视图窗口中处于暂时消失不可见的状态，"隐藏"不等于"删除"，被隐藏的模型物体只是处于不可见状态，但并没有在根本上从场景文件中消失，在执行相关操作后可以取消其隐藏状态。隐藏命令在游戏场景制作中是最常用的命令之一，因为在复杂的三维模型场景文件当中，经常在制作某个模型的时候会被其他模型阻挡视线，尤其是包含众多模型物体的大型场景文件，而隐藏命令恰恰避免了这些问题，让模型制作变得更加方便。

图 2-30　视图右键菜单与取消冻结灰色状态的设置

Hide Selection 是指将被选择的模型物体进行隐藏操作；Hide Unselected 是指将被选择模型以外的所有物体进行隐藏操作；Unhide All 是指将场景中的所有模型物体取消隐藏状态；Unhide by Name 是指通过模型名称选择列表将模型物体取消隐藏状态。

这里还要介绍一个小技巧，在场景制作中如果有其他模型物体阻挡操作视线，除刚刚介绍的隐藏命令外，还有一种方法能够避免此种情况：选中阻挡视线的模型物体，按快捷键"Alt+X"，被选中的模型就变为半透明状态，这样不仅不会影响模型的制作，还能观察到前后模型之间的关系（见图 2-31）。

图 2-31　将模型以透明状态显示

在 Transform 菜单中，除包含移动、旋转、缩放、选择、克隆等基本的模型操作外，还包括物体属性、曲线编辑、动画编辑、关联设置、塌陷等一些高级命令设置。模型物体的移动、旋转、缩放、选择前面都已经讲解过，这里着重介绍一下 Clone（克隆）命令。所谓"克隆"，就是指将一个模型物体复制为多个个体的过程，快捷键为"Ctrl+V"。对被选择的模型物体单纯单击"Clone"命令，或者按快捷键"Ctrl+V"将该模型进行原地克隆操作，而选择模型物体后按住"Shift"键并用鼠标移动、选择、缩放该模型，则可对该模型进行等单位的克隆操作，在拖动鼠标松开鼠标左键后会弹出设置窗口（见图 2-32）。

图 2-32　克隆设置窗口

克隆后的对象物体与被克隆的物体之间存在三种关系：Copy（复制）、Instance（实例）和 Reference（参考）。Copy 是指克隆物体和被克隆物体间没有任何关联关系，改变其中任何一方对另一方都没有影响；Instance 是指克隆操作后，改变克隆物体的设置参数，被克隆物体也随之改变，反之亦然；Reference 是指克隆操作后，通过改变被克隆物体的设置参数可以影响克隆物体，反之则不成立。这三种关系是 3ds Max 中模型之间常见的基本关系，在很多命令设置或窗口中都经常能看到。在下方的 Name 文本框中可以输入克隆的序列名称。图 2-33 场景中的大量帐篷模型都是通过复制实现的，这样可以节省大量的制作时间，提高工作效率。

图 2-33　利用克隆命令制作的场景

2.4　3ds Max 模型的创建与编辑

建模是 3ds Max 软件的基础和核心功能，三维制作的各种工作任务都是在所创建模型的基础上完成的，无论在动画领域还是在游戏制作领域，想要完成最终作品，首要解决的问题就是建模。具体到三维网络游戏制作来说，建模更是游戏项目美术制作部分的核心工作内容，尤其是三维场景美术设计师每天最主要的工作内容就是与模型打交道，无论多么宏大壮观的场景，都是一砖一瓦地从基础模型搭建开始的。走向游戏美术师之路的第一步就是建模。

在三维游戏场景制作中，建模的主要内容包括制作单体建筑模型、复合建筑模型、场景道具模型、雕塑模型、自然植物模型、山石模型、自然地理环境模型等。场景模型的制作方式与生物类角色建模有所不同，游戏场景中的大多数模型不需要严格按照模型一体化的原则来创建。在场景建模中允许不同多边形模型物体之间相互交叉，就是这个"交叉"的概念让游戏场景建模变得更加灵活多变，在结构表现上不会受多边形编辑的限制，可以自由组合、搭配与衔接（见图 2-34）。

图 2-34　相对于角色建模，场景建模允许模型面间的穿插

场景建模与生物建模的区别很大，一部分是受贴图方式的影响，生物模型之所以要遵循模型一体化创建的原则，是因为在游戏制作中生物模型必须保证用尽量少的贴图张数，在贴图赋予模型之前调整 UV 分布的时候，就必须将整个模型的 UV 线均匀平展在一张贴图内，这样才能保证最终模型贴图的准确。而场景建模则恰好相反，场景模型的贴图大多利用循环贴图，不需要将 UV 都平展到一张贴图中，每一部分结构或每一块几何体都可以选择不同的贴图，所以无论模型怎样穿插衔接都不会有太大的影响。

3ds Max 的建模技术博大精深、内容繁杂，这里我们没有必要面面俱到，而是有选择性地着重学习与三维游戏场景制作相关的建模知识，从基本操作入手，循序渐进地学习三维游戏场景模型的制作。

2.4.1　几何体模型的创建

在 3ds Max 界面右侧的工具命令面板中，Create（创建）面板下的第一项 Geometry 主要用来创建几何体模型的命令面板，其中下拉菜单中的第一项 Standard Primitives 用来创建基础几何体模型，表 2-1 给出了 3ds Max 所能创建的十种基本几何体模型（见图 2-35）。

表 2-1　3ds Max 所能创建的基本几何体模型

Box	立方体	Cone	圆锥体
Sphere	球体	Geosphere	三角面球体
Cylinder	圆柱体	Tube	管状体
Torus	圆环体	Pyramid	角锥体
Teapot	茶壶	Plane	平面

图 2-35　3ds Max 创建的基础几何体模型

单击选择想要创建的几何体，在视图中用鼠标拖曳就可以完成模型的创建，在拖曳过程中单击鼠标右键可以随时取消创建。创建完成后，切换到工具命令面板的 Modify（修改）面板，可以对创建出的几何模型进行参数设置，包括长、宽、高、半径、角度、分段数等。在修改面板和创建面板中都能对几何体模型的名称进行修改，名称后面的色块用来设置几何体的边框颜色。

Geometry 面板下拉菜单中的第二项是 Extended Primitives，用来创建扩展几何体模型，扩展几何体模型的结构相对复杂，可调参数也更多（见图 2-36）。其实，大多数情况下扩展几何体模型使用得比较少，因为这些模型都可以通过基础几何体进行多边形编辑来得到。这里只介绍几个常用的扩展几何体模型：ChamferBox（倒角立方体）、ChamferCylinder（倒角圆柱体）、L-Ext 和 C-Ext。尤其是 L-Ext 和 C-Ext，这两个几何体模型对于场景建筑模型的墙体制作十分快捷方便，可以在短时间内创建出各种不同形态的墙体模型。

图 2-36　常用的扩展几何体模型

另外，这里还要特别介绍一组模型，那就是 Geometry 面板下拉菜单中的最后一项 Stair（楼梯）。Stair 能够创建四种不同形态类型的楼梯结构，分别为：L Type Stair（L 形楼梯）、Spiral Stair（螺旋楼梯）、Straight Stair（直楼梯）以及 U Type Stair（U 形楼梯），这些模型对于三维游戏场景中阶梯的制作很有帮助（见图 2-37）。

图 2-37　各种楼梯模型结构

与几何体模型的创建相同，选择相应的楼梯类型，用鼠标在视图窗口中拖曳就可创建出楼梯模型，然后在修改面板中可以对其高矮、宽窄、楼梯步幅、楼梯阶数等参数进行详细设置和修改，这些参数设置只要经过简单尝试便可掌握。这里着重介绍下楼梯参数中 Type（类型）参数的设置，在 Type 面板框中有三种模式可以选择，分别为：Open（开放式）、Closed（闭合式）和 Box（盒式）。同一种楼梯结构模型通过不同类型的设置又可以生成三种不同的形态，在游戏场景制作中最为常用的是 Box 模式，在这种模式下通过多边形编辑可以制作出游戏场景需要的各种基础阶梯结构（见图 2-38）。

图 2-38　Open、Closed 和 Box 三种不同模式的楼梯结构

2.4.2　多边形模型的编辑

在 3ds Max 中创建基础几何体模型，这对于真正的模型制作来说仅仅是第一步，不同形态的基础几何体模型为模型制作提供了一个良好的基础，之后要通过模型的多边形编辑才能完成对模型最终的制作。在 3ds Max 6.0 以前的版本中，几何体模型的编辑主要是靠 Edit Mesh（编辑网格）命令来完成的，在 3ds Max 6.0 之后 Autodesk 公司研发出了更加强大的多边形编辑命令 Edit Poly（编辑多边形），并在之后的软件版本中不断增强和完善该命令，到 3ds Max 8.0 时，Edit Poly 命令已经十分完善。

Edit Mesh 与 Edit Poly 这两个模型编辑命令的不同之处在于，Edit Mesh 是以三角面作为编辑基础的，模型物体的所有编辑面最后都转化为三角面，而在使用 Edit Poly 处理几何模型物体时，编辑面是以四边形面作为编辑基础的，但最后也无法自动转化为三角面。在早期的电脑游戏制作中，大多数的游戏引擎技术支持的模型都为三角面模型，而随着技术的发展，Edit Mesh 已经不能满足游戏三维制作中对于模型编辑的需要，之后逐渐被功能强大的 Edit Poly 代替，Edit Poly 可以和 Edit Mesh 进行自由转换，以应对各种不同的需要。

对于模型物体转换为编辑多边形模式，可以通过以下三种方法实现：

（1）在视图窗口中右键单击模型物体，在弹出的右键菜单中选择 Convert to Editable Poly（塌陷为可编辑的多边形）命令，即可将模型物体转换为 Edit Poly。

（2）在 3ds Max 界面右侧修改面板的堆栈窗口中右键单击需要的模型物体，同样在弹出的右键菜单中选择 Convert to Editable Poly 命令，也可将模型物体转换为 Edit Poly。

（3）在堆栈窗口中可以对想要编辑的模型直接添加 Edit Poly 命令，也可让模型物体进入多边形编辑模式，这种方式相对前面两种来说有所不同。对于添加 Edit Poly 命令后的模型，在编辑的时候还可以返回上一级的模型参数设置界面，而上面两种方法则不可以，所以第三种方法相对来说更具灵活性。

多边形编辑模式共分为五个层级，分别是：Vertex（点）、Edge（线）、Border（边界）、Polygon（面）和 Element（元素）。每个多边形从"点""线""面"到整体互相配合，共同围绕着为多边形编辑而服务，通过不同层级的操作最终完成模型整体的搭建制作。

在进入每个层级后，菜单窗口会出现不同层级的专属面板，同时所有层级还共享统一的多边形编辑面板。图 2-39 就是编辑多边形的命令面板，包括以下几部分：Selection（选择）、Soft Selection（软选择）、Edit Geometry（编辑几何体）、Subdivision Surface（细分表面）、Subdivision Displacement（细分位移）和 Paint Deformation（绘制变型），下面我们将针对每个层级详细讲解模型编辑中常用的命令。

图 2-39　多边形编辑中的层级和各种命令面板

▶ 1. Vertex（点）层级

点层级下的 Selection（选择）面板中有一个重要的命令选项 Ignore Backfacing（忽略背面），当勾选这个选项时，在视图中选择模型可编辑点的时候，将会忽略所有当前视图背面的点，此选项命令在其他层级中也同样适用。

Edit Vertices（编辑顶点）命令面板是点层级下独有的命令面板，其中大多数命令都是常用的编辑多边形命令（见图 2-40）。

图 2-40　Edit Vertices 层级面板中的常用命令

Remove（移除）：当模型物体上有需要移除的顶点时，选中顶点执行此命令即可。Remove（移除）不等于 Delete（删除），当移除顶点后，该模型顶点周围的面还将存在，而删除命令则会将选中的顶点连同顶点周围的面一起删除。

Break（打散）：选中顶点执行此命令后，该顶点会被打散为多个顶点，打散的顶点个数与打散前该顶点连接的边数有关。

Extrude（挤压）：挤压是多边形编辑中常用的编辑命令，而对于点层级的挤压，简单来说就是将该顶点以突出的方式挤出到模型外。

Weld（焊接）：这个命令与打散命令刚好相反，是将不同的顶点结合在一起的操作，选中想要焊接的顶点，设定焊接的范围后单击焊接命令，这样不同的顶点就被结合到了一起。

Target Weld（目标焊接）：此命令的操作方式是，首先单击此命令出现鼠标图形，然后依次用鼠标点选想要焊接的两个顶点，这样这两个顶点就被焊接到了一起。要注意的是，焊接的顶点之间必须有边相连接，而对于类似四边形面对角线上的顶点是无法焊接到一起的。

Chamfer（倒角）：对于顶点倒角来说就是将该顶点沿着相应的实线边以分散的方式形成新的多边形面的操作。挤压和倒角都是常用的多边形编辑命令，在多个层级下都包含这两个命令，但每个层级的操作效果不同，图 2-41 能更加具象地表现点层级下挤压、焊接和倒角命令的作用效果。

Connect（连接）：选中两个没有边连接的顶点，单击此命令则会在两个顶点之间形成新的实线边。在挤压、焊接、倒角命令按钮后面都有一个方块按钮，这表示该命令存在子级菜单，可以对相应的参数进行设置，选中需要操作的顶点后单击此方块按钮就可以通过参数设置的方式对相应的顶点进行设置。

48

图 2-41   点层级下挤压、倒角和焊接命令的作用效果

2. Edge（边）层级

在 Edit Edges（编辑边）层级面板中（见图 2-42），常用的命令主要有以下几个。

图 2-42   Edit Edges 层级面板

Remove（移除）：将被选中的边从模型物体上移除的操作，与前文中的移除相同，移除并不会将边周围的面删除。

Extrude（挤压）：在边层级下，挤压命令的操作效果几乎等同于点层级下挤压命令的操作效果。

Chamfer（倒角）：对于边的倒角来说，就是将选中的边沿相应的线面扩散为多条平行边的操作，线边的倒角才是我们通常意义上的多边形倒角。通过边的倒角，可以让模型物体面与面之间形成圆滑的转折关系。

Connect（连接）：对于边的连接来说，就是在选中的边线之间形成多条平行的边线，边层级下的倒角和连接命令也是多边形模型物体常用的布线命令之一。图 2-43 中更加具象地表现了边层级下挤压、倒角和连接命令的具体操作效果。

Insert Vertex（插入顶点）：在边层级下可以通过此命令在任意模型物体的实线边上插入一个顶点，这个命令与之后要讲的共用编辑菜单下的 Cut（切割）命令一样，都是多边形模型物体加点添线的重要手段。

图 2-43　边层级下挤压、倒角和焊接命令的操作效果

3. Border（边界）层级

所谓的模型 Border，主要是指在可编辑的多边形模型物体中那些没有完全处于多边形面之间的实线边。通常来说，Border 层级面板的菜单较少应用，菜单里面只有一个命令需要讲解，那就是 Cap（封盖）命令。这个命令主要用于给模型中的 Border 封闭加面，通常在执行此命令后还要对新加的模型面进行重新布线与编辑（见图 2-44）。

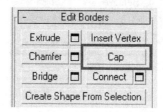

图 2-44　Border 层级面板中最常用的 Cap 命令

4. Polygon（多边形面）层级

在 Polygon 层级面板中，其大多数命令也是多边形模型编辑中最常用的编辑命令（见图 2-45）。

图 2-45　Edit Polygons 层级面板

Extrude（挤压）：多边形面层级的挤压就是将面沿一定方向挤出的操作，单击后面的方块按钮，在弹出的菜单中可以设定挤出的方向，分为三种类型：Group（整体挤出）、Local Normal（沿自身法线方向整体挤出）和 By Polygon（按照不同的多边形面分别挤出），这三种操作方法在 3ds Max 的很多操作中都能经常看到。

Outline（轮廓）：是指将选中的多边形面沿着它所在的平面扩展或收缩的操作。

Bevel（倒角）：这个命令是多边形面的倒角命令，具体是将多边形面挤出再进行缩放操作，后面的方块按钮可以设置具体挤出的操作类型和缩放操作的参数。

Inset（插入）：将选中的多边形面按照所在平面向内收缩产生一个新的多边形面的操作，后面的方块按钮可以设定插入操作的方式是整体插入还是分别按多边形面插入，通常插入命令要配合挤压和倒角命令一起使用。图 2-46 可更加直观地表示多边形面层级中挤压、轮廓、倒角和插入命令的操作效果。

图 2-46　多边形面层级中挤压、轮廓、倒角和插入命令的操作效果

Flip（翻转）：将选中的多边形面进行翻转法线的操作。在 3ds Max 中，法线是指物体在视图窗口中可见性的方向指示，物体法线朝向我们则代表该物体在视图中为可见，相反为不可见。

另外，这个层级面板中还需要介绍的是 Turn（反转）命令，这个命令不同于刚才介绍的 Flip 命令。虽然在多边形编辑模式中是以四边形的面作为编辑基础的，但其实每一个四边形的面仍然是由两个三角形面组成的，但划分三角形面的边是作为虚线边隐藏存在的，当我们调整顶点时，这条虚线边也恰恰作为隐藏的转折边。当单击 Turn（反转）命令时，所有隐藏的虚线边都会显示出来，单击虚线边就会使其反转方向。对于有些模型物体，特别是游戏场景中的低精度模型来说，Turn（反转）命令也是常用的命令之一。

在多边形面层级下还有一个十分重要的命令面板——Polygon Properties（多边形属性）面板，这也是多边形面层级下独有的设置面板，主要用来设定每个多边形面的材质序号和光滑组序号（见图 2-47）。其中，Set ID 用来设置当前所选择多边形面的材质序号；Select ID 是通过选择材质序号来选择该序号材质所对应的多边形面的；Smoothing Groups 窗口中的数字方块按钮用来设定当前所选择多边形面的光滑组序号。图 2-48 所示是为同

一模型物体设置不同光滑组的效果。

图 2-47　Polygon Properties 设置面板

图 2-48　模型光滑组的不同设置效果

　　编辑多边形的第五个层级面板为 Element（元素）层级，这个层级主要用来整体选取被编辑的多边形模型物体，此层级面板中的命令在游戏场景制作中较少用到，所以这里不做详细讲解。以上就是多边形编辑模式下所有层级面板的介绍，下面介绍下所有层级都共用的 Edit Geometry（编辑几何体）面板（见图 2-49）。这个命令面板看似复杂，但其实在游戏场景模型制作中常用的命令并不是很多，下面讲解一下编辑几何体面板中常用的命令。

图 2-49　Edit Geometry 面板

　　Attach（结合）：将不同的多边形模型物体结合为一个可编辑多边形物体的操作，具体操作为先单击 Attach 命令，然后单击选择想要被结合的模型物体，这样被选择的模型物体就被结合到之前的可编辑多边形的模型下。

Detach（分离）：与 Attach 恰好相反，是将可编辑多边形模型下的面或者元素分离成独立模型物体的操作，具体操作方法为进入编辑多边形的面或元素层级下，选择想要分离的面或元素，单击 Detach 命令，会弹出一个命令窗口。在该窗口中，勾选 Detach to Element 后可将被选择的面分离成当前可编辑多边形模型物体的元素；而 Detach as Clone 可将被选择的面或元素克隆分离为独立的模型物体（被选择的面或元素保持不变）。如果什么都不勾选，则将被选择的面或元素直接分离为独立的模型物体（被选择的面或元素从原模型上删除）。

Cut（切割）：是指在可编辑的多边形模型物体上直接切割绘制新的实线边的操作，这是模型重新布线编辑的重要操作手段。

Make Planar X/Y/Z：在可编辑多边形的点、线、面层级下，通过单击这个命令，可以实现模型被选中的点、线或面在 X、Y、Z 轴向上的对齐。

Hide Selected（隐藏被选择）、Unhide All（显示所有）、Hide Unselected（隐藏被选择以外）这三个命令同之前视图窗口右键菜单中的完全一样，只不过这里是用来隐藏或显示不同层级下的点、线或者面的操作。对于包含众多点、线、面的复杂模型物体，有时往往需要用隐藏和显示命令让模型制作更加方便快捷。

接下来介绍一下模型制作中即时查看模型面数的方法和技巧，一共有两种方法。第一种方法是利用 Polygon Count（多边形统计）工具来进行查看，在 3ds Max 命令面板最后一项的工具面板中可以通过 Configure Button Sets（快捷工具按钮设定）来找到 Polygon Count 工具。Polygon Count 是一个非常好用的多边形面数计数工具，其中 Selected Objects 显示当前所选择的多边形面数，All Objects 显示场景文件中所有模型的多边形面数。下面的 Count Triangles 和 Count Polygons 用来切换显示多边形的三角面和四边面。另一种方法是在当前激活的视图中启动 Statistics（计数统计）工具，快捷键为"7"（见图 2-50）。Statistics 可以即时对场景中模型的点、线、面进行计数统计，但这种即时运算统计非常消耗硬件，所以通常不建议在视图中将该工具一直处于开启状态。

图 2-50　两种统计模型面数的方法

三维游戏场景的最大特点就是真实性。所谓的真实性，就是指在三维游戏中，玩家可以从各个角度去观察游戏场景中的模型和各种美术元素。三维引擎为我们营造了一个360°的真实感官世界，在模型制作的过程中，我们要时刻记住这个概念，保证模型各个角度都要具备模型结构和贴图细节的完整度，在制作中要通过视图多方位旋转观察模型，避免漏洞和错误的产生。

另外，在游戏模型制作初期，最容易出现的问题就是模型中会存在大量"废面"，要善于利用多边形计数工具及时查看模型的面数，随时提醒自己不断修改和整理模型，保证模型面数的精简。对于游戏中玩家视角以外的模型面，尤其是模型底部或者紧贴在一起的内侧的模型面都可以对其进行删除操作。

除模型面数的简化外，在编辑和制作多边形模型时还要注意避免产生四边形以上的模型面，尤其是在切割和添加边线的时候，要及时利用 Connect 命令连接顶点。对于游戏模型来说，自身的多边形面可以是三角面或者四边面，但如果出现四边以上的多边形面，在之后导入游戏引擎后会出现模型的错误问题，所以要极力避免这种情况的发生。

CHAPTER

3ds Max
模型贴图技术详解

对于三维游戏美术师来说，仅利用 3ds Max 完成模型的制作是远远不够的，三维模型的制作只是开始，是之后工作流程的基础。如果将三维制作比喻为绘画，那么模型的制作只相当于绘画的初步线稿，后面还要为作品填加颜色，而在三维设计制作过程中上色的部分就是 UV、材质及贴图的工作。

在三维游戏场景制作中，贴图比模型显得更加重要，由于游戏引擎显示及硬件负载的限制，游戏场景模型对于模型面数的要求十分严格，模型在不能增加面数的前提下还要尽可能展现物体的结构和细节，这就必须依靠贴图来表现。由于场景建筑模型不同于生物模型，不可能将所有的 UV 网格都平展到一张贴图上，那么如何用少量的贴图去完成大面积模型的整体贴图工作，这就需要三维美术师来把握和控制，这种能力也是三维美术师必须具备的职业水平。本章将详细学习模型 UV 的设置、游戏材质及贴图的理论和制作方法。

3.1　3ds Max 模型物体 UVW 贴图坐标技术

在 3ds Max 中默认状态下的模型物体，想要正确显示贴图材质，必须先对贴图坐标（UVW Coordinates）进行设置。所谓的贴图坐标，就是模型物体确定自身贴图位置关系的一种参数，通过正确的设定，让模型和贴图之间建立相应的关联关系，保证贴图材质正确地投射到模型物体表面。

模型在 3ds Max 中的三维坐标用 X、Y、Z 来表示，而贴图坐标则使用 U、V、W 与其对应，如果将位图的垂直方向设定为 V，水平方向设定为 U，那么它的贴图像素坐标就可以用 U 和 V 来确定，其在模型物体表面的位置。在 3ds Max 的创建面板中创建基本几何体模型时，系统会为其自动生成相应的贴图坐标关系。例如，当创建一个 Box 模型并为其添加一张位图时，它的六个面会自动显示出这张位图。但对于一些模型，尤其是利用 Edit Poly 编辑制作的多边形模型，自身不具备正确的贴图坐标参数，这就需要为其设置和修改 UVW 贴图坐标。

关于模型贴图坐标的设置和修改，通常会用到两个关键的命令：UVW Map 和 Unwrap UVW，这两条命令都可以在堆栈命令下拉列表里找到。这个看似简单的功能，需要我们花费相当多的时间和精力，并且需要在平时的实际制作中不断总结归纳经验和技巧。下面我们来详细介绍 UVW Map 和 Unwrap UVW 这两个修改器具体的参数设置和操作方法。

3.1.1　UVW Map（贴图坐标）修改器

UVW Map 修改器的界面基本参数设置包括：Mapping（投影方式）、Channel（通道）、Alignment（调整）和 Display（显示）四部分。其中，最为常用的是 Mapping 和 Alignment。在堆栈窗口中添加 UVW Map 修改器后，可以单击前面的"+"展开 Gizmo 分支，进入 Gizmo 层级后，可以对其进行移动、旋转、缩放等调整，对 Gizmo 线框的编辑操作同样会影响模型贴图坐标的位置关系和贴图的投射方式。

Mapping 面板中包含了贴图对于模型物体的 7 种投影方式和相关参数设置（见图 3-1），下面的参数用于调节 Gizmo 的尺寸和贴图的平铺次数，在实际制作中并不常用。这里需要掌握的是能够根据不同形态的模型物体选择出合适的贴图投影方式，以方便之后展开贴图坐标的操作。下面针对每种投影方式来了解其原理和具体的应用方法。

图 3-1　Mapping 面板中的 7 种投影方式

　　Planar（平面）贴图：将贴图以平面的方式映射到模型物体的表面，它的投影平面就是 Gizmo 平面，所以通过调整 Gizmo 平面就能确定贴图在模型上的坐标位置。平面映射适用于纵向位移较小的平面模型物体，在网络游戏场景制作中这是最常用的贴图投影方式，一般是在可编辑多边形的面层级下选择想要贴图的表面，然后添加 UVW Mapping 修改器选择平面投影方式，并在 Unwrap UVW 修改器中调整贴图位置。

　　Cylindrical（圆柱）贴图：将贴图沿着圆柱体侧面映射到模型物体的表面，它将贴图沿着圆柱的四周进行包裹，最终圆柱立面的左侧边界和右侧边界相交在一起。相交的这个贴图接缝也是可以控制的，单击进入 Gizmo 层级，可以看到 Gizmo 线框上有一条绿线，这就是控制贴图接缝的标记，通过旋转 Gizmo 线框，可以控制接缝在模型上的位置。Cylindrical 后面有一个 Cap 选项，如果激活，则圆柱的顶面和底面将分别使用 Planar 的投影方式。在游戏场景制作中，大多数建筑模型的柱子或者类似柱形结构的贴图坐标方式都是用 Cylindrical 来实现的。

　　Spherical（球面）贴图：将贴图沿球体内表面映射到模型物体表面，其实球面贴图与柱形贴图相似，贴图的左端和右端同样在模型物体表面形成一个接缝，同时贴图的上下边界分别在球体的两极收缩成两个点，与地球仪十分类似。为角色脸部模型贴图时，通常使用球面贴图（见图 3-2）。

图 3-2　Planar、Cylindrical 和 Spherical 贴图方式

　　Shrink Wrap（收缩包裹）贴图：将贴图包裹在模型物体表面，并且将所有的角拉到一个点上，这是唯一一种不会产生贴图接缝的投影方式，也正因为这样，模型表面

的大部分贴图会产生比较严重的拉伸和变形（见图 3-3）。由于这种局限性，多数情况下使用它的物体只能显示贴图形变较小的那部分，而"极点"那一端必须要被隐藏起来。在游戏场景制作中，包裹贴图有时还是相当有用的，如制作石头这类模型的时候，使用别的贴图投影方式都会产生接缝或者一个以上的极点，而使用收缩包裹投影方式就完全解决了这个问题，即使存在一个相交的"极点"，只要把它隐藏在石头的底部就可以了。

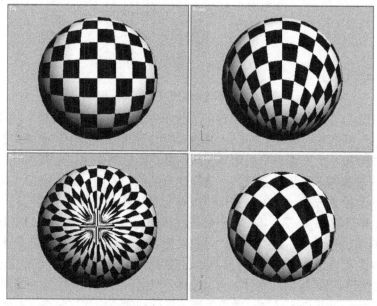

图 3-3　Shrink Wrap 贴图方式

Box（立方体）贴图：按 6 个垂直空间平面将贴图分别映射到模型物体表面，对于规则的几何模型物体，这种贴图投影方式会十分方便快捷，如场景模型中的墙面、方形柱子或者类似盒式结构的模型。

Face（面）贴图：为模型物体的所有几何面同时应用平面贴图，这种贴图投影方式与材质编辑器 Shader Basic Parameters 参数中的 Face Map 作用相同（见图 3-4）。XYZ to UVW 这种贴图投影方式在游戏场景制作中较少使用，所以在这里不做过多讲解。

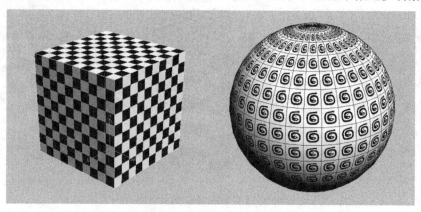

图 3-4　Box 和 Face 贴图方式

Alignment（调整）工具面板中提供了 8 个工具，用来调整贴图在模型物体上的位置关系，正确合理地使用这些工具在实际制作中往往起到事半功倍的作用（见图 3-5）。面板顶部的 X、Y、Z 用于控制 Gizmo 的方向，这里所指的方向是物体的自身坐标方向，也就是 Local Coordinate System（自身坐标系统）模式下物体的坐标方向，通过 X、Y、Z 之间的切换能够快速改变贴图的投射方向。

图 3-5 Alignment（调整）工具面板

Fit（适配）：自动调整 Gizmo 的大小，使其尺寸与模型物体相匹配。

Center（置中）：将 Gizmo 的位置对齐到模型物体的中心。这里的"中心"是指模型物体的几何中心，而不是它的 Pivot（轴心）。

Bitmap Fit(位图适配)：将 Gizmo 的长宽比例调整为指定位图的长宽比例。使用 Planar 投影方式的时候，经常碰到位图没有按照原始比例显示的情况，如果靠调节 Gizmo 的尺寸则比较麻烦，这时可以使用这个工具，只要选中已使用的位图，Gizmo 就自动改变其长宽比例与其匹配。

Normal Align（法线对齐）：将 Gizmo 与指定面的法线垂直，也就是与指定面平行。

View Align（视图对齐）：将 Gizmo 平面与当前的视图平行对齐。

Region Fit（范围适配）：在视图上拉出一个范围来确定贴图坐标。

Reset（复位）：恢复贴图坐标的初始设置。

Acquire（获取）：将其他物体的贴图坐标设置引入当前模型物体中。

3.1.2 Unwrap UVW（展开贴图坐标）修改器

在了解了 UVW 贴图坐标的相关知识后，我们可以用 UVW Map 修改器来为模型物体指定基本的贴图映射方式，这对于模型的贴图工作来说还只是第一步。UVW Map 修改器定义的贴图投影方式只能从整体上为模型赋予贴图坐标，对于更加精确的贴图坐标的修改却无能为力，要想解决这个问题，必须通过 Unwrap UVW（展开贴图坐标）修改器来实现。

Unwrap UVW 修改器是 3ds Max 中内置的一个功能强大的模型贴图坐标编辑系统，通过这个修改器，可以更加精确地编辑多边形模型点、线、面的贴图坐标分布，尤其是对于生物体模型和场景雕塑模型等结构较为复杂的多边形模型，必须要用到 Unwrap UVW 修改器。

在 3ds Max 修改面板的堆栈菜单列表中可以找到 Unwrap UVW 修改器，Unwrap UVW 修改器的参数窗口主要包括：Selection Parameters（选择参数）、Parameters（参数）和

Map Parameters（贴图参数）三部分，在 Parameters 面板下还包括一个 Edit UVWs 编辑器。总的来看，Unwrap UVW 修改器十分复杂，包含众多的命令和编辑面板，对于初学者上手操作有一定的困难。其实，对于游戏三维制作来说，只需要了解并掌握修改器中一些重要的命令参数即可，不需要做到全盘精通，游戏场景中建筑模型的结构都比较规则，所以对于 Unwrap UVW 修改器的操作将会更加容易，下面针对 Unwrap UVW 修改器不同的参数面板进行详细讲解。

Selection Parameters（选择参数）面板中能使用不同的方式快速地选择需要编辑的模型部分（见图 3-6）。"+"按钮可以扩大选集范围，"-"按钮则是减小选集范围。这里要注意，只有当 Unwrap UVW 修改器的 Select Face（选择面）层级被激活时，选择工具才有效。

图 3-6　Selection Parameters（选择参数）面板

Ignore Backfacing（忽略背面）：选择时忽略模型物体背面的点、线、面等对象。

Select by Element（选择元素）：选择时以模型物体元素单元为单位进行选择操作。

Planar Angle（平面角度）：这个参数命令默认是关闭的，它提供了一个数值设定，该数值指的是面的相交角度，当这个命令被激活后，选择模型物体某个面或者某些面的时候，与这个面成一定角度内的所有相邻面都会被自动选择。

Select MatID（选择材质 ID）：通过模型物体的贴图材质 ID 编号来选择。

Select SG（选择光滑组）：通过模型物体的光滑组来进行选择。

Parameters（参数）面板最主要的是用来打开 UV 编辑器，同时还可以对已经设置完成的模型 UV 进行存储（见图 3-7）。

图 3-7　Parameters（参数）面板

Edit（编辑）：用来打开 Edit UVWs 编辑窗口，对于其具体参数设置，下面将会讲到。

Reset UVWs（重置 UVW）：放弃已经编辑好的 UVW，使其回到初始状态，这也就意味着之前的全部操作都将丢失，所以一般不使用这个按钮。

Save（保存）：将当前编辑的 UVW 保存为 ".UVW" 格式的文件，对于复制的模型物体，可以通过载入文件来直接完成 UVW 的编辑。其实，在游戏场景的制作中我们通常会选择另外一种方式来操作，即单击模型堆栈窗口中的 Unwrap UVW 修改器，然后按住鼠标左键直接拖曳这个修改器到视图窗口中复制出的模型物体上，松开鼠标左键即可完成操作，这种拖曳修改器的操作方式在其他很多地方也会用到。

Load（载入）：载入 ".UVW" 格式的文件，如果两个模型物体不同，则此命令无效。

Channel（通道）：包括 Map channel（贴图通道）与 Vertex Color Channel（顶点色通道）两个选项，在游戏场景制作中并不常用。

Display（显示）：使用 Unwrap UVW 修改器后，模型物体的贴图坐标表面会出现一条绿色的线，这就是展开贴图坐标的缝合线，这里的选项就是用来设置缝合线的显示方式，从上到下依次为不显示缝合线、显示较细的缝合线、显示较粗的缝合线、始终显示缝合线。

Map Parameters（贴图参数）面板看似十分复杂，但其实常用的命令并不多（见图 3-8）。在面板上半部分的按钮中包括 5 种贴图映射方式和 7 种贴图坐标对齐方式，由于这些命令操作大多在 UVW Map 修改器中都可以完成，所以这里较少用到。

图 3-8　Map Parameters（贴图参数）面板

这里需要着重讲到的是 Pelt（剥皮）按钮，这个按钮常用在游戏场景雕塑模型和生物模型的制作中。Pelt 的含义指将模型物体的表面剥开，并将其贴图坐标平展的一种贴图映射方式，这是 UVW Map 修改器中没有的一种贴图映射方式，相较其他的贴图映射方式来说相对复杂，更适合用于结构复杂的模型物体，下面具体讲解操作流程。

总体来说，Pelt 平展贴图坐标的流程分为三大步：①重新定义编辑缝合线；②选择想要编辑的模型物体或者模型面，单击 Pelt 按钮，选择合适的平展对齐方式；③单击 Edit Pelt Map 按钮，对选择对象进行平展操作。

图 3-9 中的模型为一个场景石柱模型，模型上的绿线为原始的缝合线，进入 Unwrap UVW 修改器的 Edge 层级后，单击 Map Parameters 面板中的 Edit Seams 按钮就可以对模型重新定义缝合线。在 Edit Seams 按钮激活的状态下，用鼠标单击模型物体上的边线就会使之变为蓝色，蓝色的线就是新的缝合线路经，按住键盘上的 "Ctrl" 键再单击边线就是取消蓝色缝合线。我们在定义编辑新的缝合线的时候，通常会在 Parameters（参数）设置中选择隐藏绿色缝合线，重新定义编辑好的缝合线如图 3-9 中间模型的蓝线。

第二步要进入 Unwrap UVW 修改器的 Face 层级，选择想要平展的模型物体或者模型面，然后单击 Pelt 按钮，会出现类似于 UVW Map 修改器中的 Gizmo 平面，这时选择 Map Parameters 面板中合适的展开对齐方式，如图 3-9 右侧所示。

图 3-9　重新定义缝合线并选择展开平面

单击 Edit Pelt Map 按钮会弹出 Edit UVWs 窗口，从模型 UV 坐标每一个点上都会引伸出一条虚线，对于这里密密麻麻的各种点和线，不需要精确调整，只需要遵循一条原则：尽可能让这些虚线不相互交叉，这样操作会使之后的 UV 平展更加便捷。

单击 Edit Pelt Map 按钮后，同时会弹出平展操作的命令窗口，这个命令窗口中包含许多工具和命令，但对于平时一般制作来说很少用到，只需要单击右下角的 Simulate Pelt Pulling（模拟拉皮）按钮就可以继续下一步的平展操作。接下来整个模型的贴图坐标将会按照一定的力度和方向进行平展操作，具体原理相当于模型的每一个 UV 顶点，将沿着引伸出来的虚线方向进行均匀的拉拽，形成贴图坐标分布网格（见图 3-10）。

图 3-10　利用 Pelt 命令展平模型 UV

之后我们需要对 UV 网格进行顶点的调整和编辑，编辑的原则就是让网格尽量均匀分布，这样最后当贴图添加到模型物体表面时才不会出现较大的拉伸和撕裂现象。我们可以单击 UV 编辑器视图窗口上方的棋盘格显示按钮来查看模型 UV 的分布状况，当黑白色方格在模型表面均匀分布并没有较大变形和拉伸的状态，则说明模型的 UV 是均匀分布的（见图 3-11）。

图 3-11　利用黑白棋盘格来查看 UV 分布

图 3-12 是 Edit UVWs 编辑器的操作窗口，从上到下依次包括：菜单栏、操作按钮、视图区和层级选择面板 4 个部分。虽然看似复杂，但其实在游戏制作中常用的命令却不多，图中线框标识的区域基本涵盖了常用的命令和操作，下面具体讲解各命令操作。

图 3-12　Edit UVWs 编辑器的操作窗口

首先来看视图区域，模型物体 UV 网格线的底下是贴图的显示区域，中间的正方形边框是模型物体贴图坐标的边界，任何超出边界的 UV 网格都会被重复贴图，类似增加贴图的平铺次数。一般对于场景雕塑模型、场景物件模型或者生物体模型来说，UV 网格都不要超出正方形边框的边界，这样才能在贴图区域内正确绘制模型贴图。但对于大多数的游戏场景建筑模型来说，UV 网格通常都是要超出边界的，因为场景建筑模型的贴图大多为循环贴图，通过调整拉伸 UV 网格来得到合适的贴图平铺次数。

Edit UVWs 的视图操作区域是最为核心的区域，所有的命令和操作都要在这个区域中实现。换句话说，就是要通过一切操作来实现 UV 网格的均匀平展，将最初杂乱无序的 UV 网格变为一张平整的网格，让模型的贴图坐标和模型贴图找到最佳的结合点。

视图区左上方的 5 个按钮是编辑 UV 网格最为常用的工具，从左往右分别为：Move（移动）、Rotate（旋转）、Scale（缩放）、Freeform Mode（自由变换）和 Mirror（镜像）。移动、旋转、缩放以及镜像自然不用多说，跟前面讲到的 3ds Max 操作基本一致。自由变换工具是最为常用的 UV 编辑工具，因为在自由变换模式下包含所有的移动、旋转和缩放的操作，让操作变得十分便捷。

视图区右下角的按钮是视图操作按钮，包括视图基本的平移和缩放等。实际操作中，这些按钮的功能用鼠标都能代替，按住鼠标中键或鼠标滚轮拖动视图为视图平移，滑动鼠标滚轮为视图的缩放操作。在这一排按钮区域正中间有一个"锁"形的图标按钮，默认状态下是"开锁"图标，如果单击后变为锁定状态，则不能对视图中的任何 UV 网格进行编辑操作，因为 3ds Max 对于这个按钮默认的快捷键是"空格"键，在操作中很容易被意外激活，所以这里着重提示一下。

视图区下方是层级选择面板，Edit UVWs 也包含基本的 Vertex（点）、Edge（线）、Face（面）等子物体层级的操作，三种层级各有优势，在 UV 网格编辑中通过适当的切换来实现更加快速便捷的操作。

Select Element（选择元素）：当激活这个命令时，对于选取视图中任何一个坐标点，都将会选取整片的 UV 网格。

Sync to Viewport（与视图同步）：默认状态是激活的，在视图窗口中的选择操作会实时显示出来。

"+"按钮是扩大选择范围，"-"按钮是减少选择范围。

在 Edit UVWs 的菜单栏中，需要着重讲解的是 Tool（工具）菜单，该菜单中包含对 UV 网格镜像、合并、分割和松弛等常用的操作命令。

Weld Selected（焊接所选）：将 UV 网格中选择的点全部焊接在一起，这个合并的条件没有任何限制，即使任意地选择区域，其都可以被焊接合并到一起。快捷键为"Ctrl+W"。

Target Weld（目标焊接）：跟多边形编辑中的目标焊接方式一致，单击这个命令，选择需要焊接的点，将其拖曳到目标点上即可完成焊接合并。快捷键为"Ctrl+T"。

Break（打断）：在 Vertex 点层级下，打断命令会将一个点分解为若干个新的点，新点的数目取决于这个点共用边面的个数。由于会产生较多的点，所以打断命令更多用于 Edge 和 Face 的层级操作，具有更强的可控性。断开 Edge 时需要注意，如果不与边界相邻，需要选中两个以上的边，此时 Break 命令才会起作用。快捷键为"Ctrl+B"。

Detach Edge Verts（分离边点）：与 Break 不同，这个命令是用来分离局部的，它对于单独的点和边不起作用，对面和完全连续的点、边才有效。快捷键为"Ctrl+D"。

Relax（松弛）：在之前介绍的 Pelt 操作流程完成后，往往就需要用到 Relax 命令。

所谓的 Relax，就是将选中的 UV 网格对象进行"放松"处理，让过于紧密的 UV 坐标变得更加松弛，在一定程度上解决了贴图拉伸问题。

Render UVW Template（渲染 UVW 模板）：这个命令能够将 Edit UVWs 视图中蓝色边界内的 UV 网格渲染为".BMP"".JPG"等平面图片文件，以方便在 Photoshop 中绘制贴图。

以上就是关于模型贴图坐标操作的基本内容，下面我们再总结一下模型 UVWs 编辑的整体流程：

（1）对模型物体添加 UVW Map 修改器，根据模型选择合适的贴图投影方式，并调整 Gizmo 的对齐方式。

（2）为模型物体添加 Unwrap UVW 修改器。

（3）对于结构简单的模型物体，直接进入 Edit UVWs 进行 UV 网格的调整和编辑。

（4）对于复杂结构的模型物体，通过 Unwrap UVW 修改器的子层级，重新划分缝合线，并通过 Pelt 平展命令对模型物体的 UV 网格进行编辑。

（5）在 3ds Max 的堆栈窗口中将所有修改器塌陷为可编辑的多边形，为模型物体保存已经编辑好的 UVWs 信息。

模型贴图坐标的操作在 3ds Max 软件中是一个比较复杂的部分，对于新手学习来说有一定难度，但只要理解其中的核心原理并掌握关键的操作部分，其实这部分内容并没有想象中的困难。想要熟练掌握模型贴图坐标的编辑操作技巧不是一朝一夕的事，往往需要积年累月的积累，在每次实践操作中不断总结经验，为自己的专业技能打下坚实的基础。

3.2 游戏模型材质球的设定

在 3ds Max 的工具按钮栏单击材质编辑器按钮或者按键盘上的"M"键，可以打开 Material Editor（材质编辑器）。这里是 3ds Max 中为模型设定材质参数的地方，对于三维动画制作来说，材质编辑器的内容复杂并且功能强大；然而对于游戏制作来说，这里应用的部分却十分简单，因为游戏当中的模型材质效果都是通过游戏引擎中的设置实现的，材质编辑器里的参数设定并不能影响游戏实际场景中模型的材质效果。在游戏制作当中，材质球只是作为模型贴图的载体，只应用几个简单的贴图通道就足以完成一般的工作内容（见图 3-13）。

图 3-13 中的面板窗口就是 3ds Max 的材质编辑器窗口。一般来说，为模型贴图只需要在 Map（贴图通道）中为 Diffuse Color（固有色）添加一张位图（Bitmap）即可，如果游戏引擎支持高光和法线贴图（Normal Map），那么可以在 Specular Level（高光级别）和 Bump（凹凸）中添加高光贴图和法线贴图。

另外在游戏贴图中常用的就是透明贴图。所谓透明贴图，就是带有 Alpha 不透明通道的贴图，如游戏制作中植物模型的叶片、建筑模型中栏杆等复杂结构以及生物模型的毛发等都必须用透明贴图来实现。图 3-14 中左边就是透明贴图，右边就是它的 Alpha 通道，在不透明通道中白色部分为可见、黑色部分为不可见，这样最后在游戏场景中就实现了带有镂空效果的树叶。

图 3-13　材质编辑器窗口

图 3-14　透明贴图及其 Alpha 通道

　　通常在实际制作中我们会在 Photoshop 中将图片的不透明通道直接作为 Alpha 通道保存到图片中，然后将贴图添加到材质球的 Diffuse Color（固有色）和 Opacity（透明度）通道中。注意，只将贴图添加到 Opacity（透明度）通道还不能实现镂空的效果，必须要进入此通道下的贴图层级，将 Mono Channel Output（通道输出）设定为 Alpha 模式，这样贴图在导入游戏引擎后就会实现镂空效果。通常透明贴图必须要勾选双面设定，在材质编辑器右上角可以勾选 2-Sided，但一般来说这样在游戏引擎中会加重硬件渲染的负荷，更多时候我们是将透明贴图的平面模型复制一份并将其法线反转，这样就实现了双面的镂空效果。

在设定好带有透明贴图的材质球后，当我们将材质球赋予模型物体时，往往在 3ds Max 的操作视图中会出现类似图 3-15 左侧那样的显示问题。这里介绍一个小技巧：如果出现这种显示问题，可以在 3ds Max 视图区的左上角单击鼠标右键，在弹出的菜单中选择 Transparency（透明度）并将其设定为 Best 模式（见图 3-16）。然后保存场景文件，关闭 3ds Max 软件，重新打开场景文件后会发现显示问题已经解决，如图 3-15 右侧所示。

图 3-15　Alpha 贴图的显示问题

图 3-16　透明贴图显示设置

3.3　游戏模型贴图的基础知识

贴图对于游戏模型的意义以及在游戏制作中的作用在前面的章节中已经提到多次，这里不再重复介绍。本节将主要对游戏制作中贴图的具体要求和应用进行讲解，并结合具体实例掌握对游戏贴图的细节操作。

虽然三维动画和游戏制作中都会经常用到贴图，但相对来说，游戏贴图具有更多的要求和限制。在三维游戏制作中，贴图的尺寸通常为 8×8、16×16、32×32、64×64、128×128、512×512、1024×1024 等。一般来说，常用的贴图尺寸是 512×512 和 1024×1024，可能在一些次时代游戏中还会用到 2048×2048 的超大尺寸贴图。贴图尺寸的限定源于游戏引擎的限制，游戏贴图不能像动画制作中那样，去建立任意边长像素的图片，有时候为了压缩图片尺寸，减少硬件负荷，贴图尺寸不一定是等边的，竖长方形和横长方形也是可以的。例如，128×512、1024×512 等。

　　三维游戏的制作其实可以概括为一个"收缩"的过程，考虑到引擎能力、硬件负荷、网络带宽等一切因素，都不得不迫使我们在游戏制作中必须要尽可能地节省资源。游戏模型不仅要制作成低模，而且在最后导入游戏引擎前还要再进一步删减模型面数，游戏贴图也是如此。作为游戏美术师，要尽一切可能让贴图尺寸降到最低，将贴图中的所有元素尽可能堆积到一起，并且还要尽量减少模型应用到的贴图张数（见图3-17）。总之，在导入引擎前，所有美术元素都要尽可能精炼，这就是"收缩"的概念。虽然现在的游戏引擎技术飞速发展，可能对于资源的限制有所放宽，但节约资源却是成熟游戏美术师的基本原则和能力。

图 3-17　充分利用贴图面积

　　在讲完游戏贴图的尺寸限制后，再来看一下游戏贴图的格式，现在大多数电脑游戏公司尤其是 3D 网络游戏制作公司，最常用的游戏贴图格式为.DDS 格式，这种格式的贴图在游戏引擎中可以随着玩家操控角色与其他模型物体间的距离来改变贴图自身的尺寸。当场景中的模型距离玩家越近，自身显示的贴图尺寸会越大，相反，越远则越小。其原理就是这种贴图在绘制完成后，在最后保存时会自动存储为若干小尺寸的贴图，如图 3-18 所示。

图 3-18　.DDS 格式贴图的存储方式

针对不同的游戏引擎和不同的游戏制作公司，在贴图格式和命名上都有各自的具体要求，这里无法一一具体介绍。如果是在日常的练习或个人作品中，将贴图格式存储为TGA、JPG 或 PNG 就可以了，下面介绍几种常用的贴图形式。

图 3-19 是游戏场景中雕塑模型的贴图，在模型制作完成后需要将模型的全部 UV 坐标平展到一张贴图上，然后导入 Photoshop 中来绘制贴图。通常一张尺寸为 1024×1024的贴图就足够，但对于体积过于庞大、细节过于复杂的模型，也可以将模型根据不同部分进行拆分并将 UV 平展到多张贴图上。

图 3-19　场景雕塑模型贴图

在游戏场景制作中，对于一些特殊的建筑结构模型，也需要将其 UV 单独编辑，并根据 UV 绘制贴图，这些结构大多为不规则形状，通常尽可能将多个结构拼接到一张贴图上（见图 3-20）。

图 3-20　场景建筑屋脊结构的贴图

游戏场景制作中更为常用的是循环贴图，也称为连续贴图，尤其是建筑模型中，不需要将 UV 平展后绘制贴图，可以在模型制作完成前就制作贴图，然后用模型中不同面的 UV 坐标去对应贴图中的结构。相对于前面介绍的两种贴图，它更加不受贴图自身的限制，可以重复利用贴图中的元素，对于建筑墙体、地面等结构简单的模型具有更大优势，下面就具体讲解一下循环贴图的相关知识。

如果场景建筑模型的规模较大，像图 3-21 中的贴图那样，将场景建筑中的所有元素都拼到一张贴图上，最后实际游戏中的贴图会变得相当模糊不清、缺少细节，这里就需要用到循环贴图。所谓循环贴图，就是指在 3ds Max 软件中的 Edit UVWs 编辑器中贴图边界可以自由连接并且不产生接缝的贴图，通常分为二方连续贴图和四方连续贴图。二方连续贴图就是贴图在左右或上下单方向连接时不产生接缝，而四方连续贴图就是在上下左右四个方向连接时都不产生接缝，让贴图形成可以无限连接的大贴图。

图 3-21　场景建筑拼接贴图

图 3-22 就是四方连续贴图的效果，白线框中是贴图本身，贴图的右边缘与左边缘、左边缘与右边缘、上边缘与下边缘、下边缘与上边缘都可以实现无缝连接，这样在模型贴图的时候就不用担心模型的 UV 细分问题，只需要根据模型整体调整大小比例即可。

循环贴图的制作也比较简单，无非就是考验 Photoshop 的修图能力。在实际的 3D 游戏场景制作中，循环贴图的应用可达到 80%以上，是最为主要的贴图方式，只有利用循环贴图才能实现宏大场景中的精细贴图，也只有循环贴图才能用尽可能小的贴图尺寸得到更多的细节效果。从循环贴图中结构元素的布局和划分，往往能看出制作者能力的高低，这也是 3D 游戏场景美术师必须要具备的能力和技术。

最后再来谈一下游戏贴图的风格。一般来说，游戏贴图的风格主要分为写实风格和手绘风格。写实风格的贴图一般都是用真实的照片来进行修改的，而手绘风格的贴图主要是靠制作者的美术功底来进行手绘的。其实，贴图的美术风格并没有十分严格的界定，只能看是侧重于哪一方面，是偏写实或是偏手绘，写实风格主要用于真实背景的游戏当中，手绘风格主要用在 Q 版卡通游戏中。当然，一些游戏为了标榜独特的视觉效果，也采用偏写实的手绘贴图。其实，贴图的风格并不能真正决定一款游戏的好坏，重要的还是制作的品质，这里只是简单介绍，让大家了解一下贴图不同的美术风格。

图 3-22 四方连续贴图的效果

图 3-23 为手绘风格的场景贴图，其中墙面、木门以及各种纹饰等全部由手绘完成，整体风格偏卡通，适合用于 Q 版游戏当中。手绘贴图的优点是：整体都是用颜色绘制的，色块面积比较大，而且过渡柔和，在贴图放大后不会出现明显的贴图拉伸痕迹。但缺点是：贴图整体性比较强，局部缺少细节。

图 3-23 手绘风格的场景贴图

　　图 3-24 为完全写实风格的场景贴图，图片中大多数元素的素材都取自真实照片，通过 Photoshop 的修改编辑变成了符合游戏场景使用的循环贴图。写实贴图的优缺点与上面介绍的手绘贴图刚好相反，当模型被放大后，贴图拉伸会比较严重，但对于使用贴图局部元素却会显得比较自然。

图 3-24　写实风格的场景贴图

3.4　游戏模型贴图的制作方法

　　下面我们通过一张金属元素贴图的制作实例来学习模型贴图的基本绘制流程和方法。首先，在 Photoshop 中创建新的图层，根据模型 UV 网格绘制出贴图的底色，铺垫基本的整体明暗关系（见图 3-25）。然后，在底色的基础上，绘制贴图的纹饰和结构部分（见图 3-26）。

图 3-25　绘制贴图底色

图 3-26 绘制纹饰和结构

接下来绘制结构的基本阴影，同时调整整体的明度和对比度（见图 3-27）。选用一些肌理丰富的照片材质进行底纹叠加，可以叠加多张不同的材质。图层的叠加方式可以选择 Overlay、Multiply 或 Softlight，强度可以通过图层透明度来控制（见图 3-28）。通过叠加纹理增强了贴图的真实感和细节，这样制作出来的贴图偏写实风格。

图 3-27 绘制阴影

图 3-28 叠加纹理

　　然后绘制金属的倒角结构，同时提亮贴图的高光部分（见图3-29）。金属材质的边缘部分会有些细小的倒角，可以单独在一个图层内用亮色绘制，图层的叠加方式可以是Overlay或者Colordodge，强度可以通过图层透明度来控制。接下来利用色阶或曲线工具，整体调整贴图的对比度，增强金属质感（见图3-30）。最后，可以用一些特殊的笔刷纹理在金属表面一些平时不容易被摩擦到的地方绘制污迹或者类似金属氧化的痕迹，以增强贴图的细节和真实感，这样就完成了贴图的绘制（见图3-31）。

图3-29　绘制高光

图3-30　调整对比度

图3-31　绘制污渍

CHAPTER

网络游戏场景
元素模型制作

4.1　网络游戏场景元素的概念及分类

　　游戏场景元素是指在 3D 网络游戏制作中除主体建筑外可以用于网络游戏场景的其他 3D 网络游戏模型，包括场景植物模型、山石模型，以及各种场景道具模型等。在前面的章节中已经讲过，要制作一个系统的 3D 网络游戏场景，首先要创建游戏场景的地图区块和地表，然后需要对其添加各种场景主体建筑模型，但这样只能形成一个大致的场景景观，缺乏层次、细节和真实感，所以之后还需要利用各种游戏场景细节模型对其进行填充和丰富，我们将这些模型统称为游戏场景元素。本章将针对网络游戏场景中常见的植物、山石，以及场景道具等模型元素进行详细讲解。

4.1.1　植物模型

　　自然生态场景是 3D 网络游戏场景中的重要构成部分，网络游戏中的野外场景在大多数情况下就是在营造自然的环境氛围，除天空、远山这些在网络游戏中距离玩家较远的自然元素外，在地表生态环境中最主要的表现元素就是植物。植物模型可以解决野外场景过于空旷、缺少主体表现元素的缺点，同时还能够起到修饰场景色彩的作用。

　　在早期的 3D 网络游戏中，游戏场景基本设定在室内，很少出现野外场景。即使是野外场景，也很难见到植物模型，只有远景中才会出现植物的影子，早期的 3D 技术还很难解决自然环境中植物模型的制作问题。在 3D 加速显卡出现后，伴随计算机硬件的支持，3D 技术有了较大的进步与发展，这时的很多网络游戏都出现了野外场景，同时也会看到越来越多的三维植物模型，但这些模型与现在的相比仍然十分简陋，直到后期不透明贴图技术的出现才从真正意义上解决了 3D 网络游戏场景中植物模型的制作问题（见图 4-1）。

图 4-1　3D 网络游戏场景中利用 Alpha 贴图技术制作的植物模型

　　在如今的网络游戏研发领域中，植物模型的制作仍然是 3D 网络游戏场景美术师们需要不断研究的课题，在业内有一句行话："盖得好十座楼，不如插好一棵树。"由此便能看出植物模型对于 3D 网络游戏场景制作人员技术和能力的要求。在许多大型游戏制作公司的应聘考试中，制作植物模型成为经常涉及的选题，往往通过简单的"一棵树"就能够清楚地看出应聘者能力水平的高低。

　　要想将 3D 网络游戏场景中的植物模型制作得生动自然，就必须抓住植物模型的特点。对于场景中的植物模型来说，其特点主要从结构和形态两方面来看。所谓结构，主要指自然植物的共性结构特征。而形态就是指不同植物在不同环境下所表现出的独特生长姿态。只要抓住植物这两方面的特点，就能将自然界千姿百态的花草树木植入虚拟世界中。

　　我们以自然界中的树木为例来看植物的结构特征。从图 4-2（a）中可以看出，树木作为自然界中的木本植物，其主要由两大部分构成：树干和树叶。而树干又可以细分为主干、枝干和根系。以树木所在的地平面为基点，向下延伸出植物的根系，向上延伸出植物的主干。随着主干的延伸，逐渐细分出主枝干，主枝干继续延伸细分出更细的枝干，在这些枝干末端生长出树叶，这就是自然界中树木的基本结构特征。

（a）自然界中的树木　　　　　　　　　　（b）高精度树木模型

图 4-2　自然界中的树木与高精度树木模型

　　图 4-2（b）是一棵树木的高精度树木模型，从主干到枝干，包括每片树叶，其都是多边形模型实体，显然这样的模型面数根本无法应用于游戏场景中，即使除去叶片只制作主干和枝干，这样的工作量也是无法完成的，何况在网络游戏的野外场景中要用到大量的植物模型，所以要利用多边形建模的方式来制作植物模型是不现实的。现在网络游戏场景中植物模型的主流制作方法是利用 Alpha 贴图制作植物的枝干和叶片，在专业领域中称之为"插片法"，在后面的内容中将详细讲解"插片法"的制作流程。

　　除了植物的结构特征，我们还必须掌握植物的形态特征。植物的形态就是指不同植物在不同环境下所表现出的独特生长姿态。例如，就绿叶植物来说，温带地区和热带地区的植物在形态上有很大的区别；对于热带地区，生长在水域附近的植物与沙漠中的植物形态更是各异；而对于热带和寒带地区，不同区域植物的形态差异会更大。以上所说的都属于区域植物间的形态差异，而对于同一地区，甚至相邻的两棵植物都具有各自的形态。作为 3D 网络游戏场景美术师，我们必须掌握植物的形态特征，只有这样，才能让虚拟的植物模型散发出自然的生机。下面总结一下在网络游戏场景中常见的植物模型类型，如图 4-3～图 4-15 所示。

网络游戏场景中植物模型的种类

普通树木，在自然场景中最为广泛应用的树木模型，可以根据不同风格的场景改变树叶的颜色，如红枫、银杏等（见图4-3）。

图4-3　普通树木

各种花草植物，大量应用在地表模型上（见图4-4）。

图4-4　花草植物

灌木，与花草模型穿插使用，也作为地表低矮植物模型（见图4-5）。

图4-5　灌木

网络游戏场景中植物模型的种类
松树，应用在高原或高山场景中（见图4-6）。 图4-6 松树
竹子，主要用于大面积竹林的制作（见图4-7）。 图4-7 竹子
柳树，多用于江南场景的制作（见图4-8）。 图4-8 柳树

网络游戏场景中植物模型的种类
花树，在野外场景中与普通树木穿插使用，也可以用来制作大面积的花树林，在游戏中较常见的是桃花、梅花等（见图 4-9）。 <div align="center">图 4-9　花树</div>
热带植物，多用于热带场景的制作，主要为棕榈科植物（见图 4-10）。 <div align="center">图 4-10　热带植物</div>
巨型树木，通常在标志性场景或独立场景中作为场景主体（见图 4-11）。 <div align="center">图 4-11　巨型树木</div>

网络游戏场景中植物模型的种类
沙漠植物，用于沙漠场景，常见的有仙人掌、骆驼刺等（见图4-12）。 图 4-12　沙漠植物
雪景植物，覆雪场景中使用的植物模型，以雪松为主（见图4-13）。 图 4-13　雪景植物
枯木，多用于荒凉场景或恐怖场景（见图4-14）。 图 4-14　枯木

4.1.2 山石模型

网络游戏场景中的山石实际上包含两个概念——山和石。山是指网络游戏场景中的山体模型，石是指网络游戏场景中独立存在的岩石模型。网络游戏场景中的山石模型在整个 3D 网络游戏场景设计和制作范畴中是极为重要的一个门类和课题，尤其是在网络游戏野外场景的制作中，山石模型更是发挥着重要的作用，它与植物模型一样都属于网络游戏野外场景中常见的模型元素。

图 4-15 中远处的高山就是山体模型，而近景处的岩石则是岩石模型。山体模型在大多数网络游戏场景中分为两类：一类是作为网络游戏场景中的远景模型，与引擎编辑器中的地表配合使用，作为整个网络游戏场景的地形山脉而存在，这类山体模型通常不会与玩家发生互动关系，简单地说就是玩家不可攀登；另一类则恰恰相反，需要建立与玩家间的互动关系，此时的山体模型在某种意义上也承担了地表的作用。这两类山体模型并不是对立存在的，往往需要相互配合使用才能让网络游戏场景达到更加完整的效果。

图 4-15　网络游戏场景中的山体模型和岩石模型

网络游戏场景中的岩石模型也可以分为两类：一类是自然场景中的天然岩石模型，另一类是经过人工处理的岩石模型，如石雕、石刻、雕塑等。前者主要用于网络游戏的野外场景中，后者多用于网络游戏的建筑场景中。其实从模型作用效果来看，游戏场景岩石模型也属于游戏场景道具模型的范畴，只不过形式和门类比较特殊，所以将其单独分类来学习。

在网络游戏场景中，相对于建筑模型和植物模型来说可能并不起眼，有时甚至只存在于边沿角落，但它对于山石模型网络游戏场景整体氛围的烘托功不可没，尤其在网络游戏的野外场景中，一块岩石的制作水平，甚至摆放位置都能直接决定场景真实性的表现力。下面结合图片针对网络游戏场景中常用的山石模型进行分类介绍。

（1）用于构建场景地形的远景山体模型（见图 4-16）。

（2）作为另类地表的交互山体模型（见图 4-17）。

（3）野外场景中散布在地表地图中的单体或成组岩石模型（见图 4-18）。

图 4-16　远景山体模型

图 4-17　交互山体模型

图 4-18　单体或成组岩石模型

（4）用于城市或园林建筑群中的假山观赏石模型（见图4-19）。

图4-19　假山观赏石模型

（5）带有特殊雕刻的场景装饰岩石模型（见图4-20）。

图4-20　场景装饰岩石模型

（6）岩石模型还有一个特殊应用，就是用来制作洞穴等场景，由于这些场景的特点决定了场景整体都要用岩石模型来制作，很多网络游戏中大型的地下城与副本都是通过这种形式来表现的（见图4-21）。

图 4-21　利用岩石模型制作的洞穴场景

4.1.3　道具模型

道具模型是指在网络游戏场景中用于辅助装饰场景的独立模型物件，它是构成网络游戏场景最基本的美术元素之一。例如，室内场景中的桌椅板凳，大型城市场景中的雕塑、道边护栏、照明灯具、美化装饰等，这些都属于网络游戏场景中的道具模型。道具模型的特点是：小巧精致、带有设计感且可以不断复制以循环利用。

道具模型在网络游戏场景中虽然不能作为场景的主体模型，但却发挥着不可或缺的作用。例如，当制作一个酒馆或驿站的场景时，就必须为其搭配制作相关的桌椅板凳等场景道具；再如，当制作一个城市场景时，花坛、路灯、雕塑、护栏等也是必不可少的。在网络游戏的场景中制作和添加适当的道具模型，不仅可以增加场景整体的精细程度，而且可以让场景变得更加真实、自然，符合历史和人文的特征（见图 4-22）。

图 4-22　细节丰富的道具模型

由于通常要大面积复制使用道具模型，为了减少硬件负担，增加游戏整体的流畅度，道具模型必须在保证结构的基础上尽可能降低模型的面数，以及结构细节主要通过贴图来表现，这样才能保证道具模型在网络游戏的场景中被充分利用。

4.2　网络游戏场景植物模型实例制作

在进行实例制作之前，我们先了解 Alpha 贴图的概念。所谓 Alpha 贴图，也叫作 OpacityMap（不透明度贴图），是指图片文件的通道信息中除 CMYK 四色通道外还存在 Alpha 黑白通道的图片。Alpha 黑白通道通常是勾勒出图片中主体图像的外部轮廓剪影，然后通过程序计算实现镂空的效果，也就是我们经常所说的镂空贴图。

Alpha 贴图在游戏制作中的应用范围及其广泛，在建筑模型的制作中为了节省模型的面数，经常用 Alpha 贴图来制作栏杆、围栏、篱笆等，网络游戏中的水体贴图和粒子特效贴图等也都是利用 Alpha 贴图来实现的，而网络游戏场景植物模型中的枝叶和花草等更是必须应用 Alpha 贴图来实现的，下面介绍植物模型 Alpha 贴图的制作方法。

通常在 Photoshop 中绘制植物贴图前，需要在背景图层之上新建一个图层。在新建的图层中，首先绘制植物的树枝（细节枝干）部分，然后再创建一个新的图层来绘制植物的树叶部分，最后按住"Ctrl"键来选择树枝和树叶这两个图层，随即在通道面板中创建出图片的 Alpha 通道。之后可以根据游戏引擎的要求将其保存为.TGA 或.DDS 格式的图片文件（见图 4-23）。

图 4-23　植物模型的 Alpha 贴图

3D 网络游戏场景中的植物模型主要用"插片法"来制作。所谓的插片法，就是为避免产生过多的模型面数，用 Alpha 贴图来制作植物枝干和叶片的方法。首先需要在 Photoshop 中制作出贴图的 Alpha 通道，并将其存储为带有通道的不透明贴图格式；然后将贴图添加到 3ds Max 的材质球上，分别需要指定到材质球的 Diffuse 和 Opacity 通道中。如果想要在 3ds Max 的视图中看到镂空效果，则需要进入 Opacity 通道，将 Mono Channel Output 选项设置为 Alpha 模式（见图 4-24），将材质球添加到 Plane 模型上，这样就会看到不透明贴图的效果了。此时，当 Plane 模型面对摄像机时，就会模拟出非常好的植物叶片效果了。

在实际的 3D 网络游戏中，玩家可以从任意视角观察模型，所以当摄像机转到 Plane 侧面时就会出现"穿帮"，这就是插片法需要解决的问题。图 4-25 左侧就是带有通道的植物贴图，为了解决穿帮的问题，可以将 Plane 模型按中轴线旋转复制，并与原来的 Plane 模型成 90°，同时制作为双面效果，这样无论摄像机从哪个角度观看都不会出现之前那样的穿帮现象了，这就是在 3D 网络游戏场景植物制作中常用的"十字插片法"。十字插片法是 3D 网络游戏雏形时期用来制作树木的主要方法。但如果将这样的植物模型大面积用在网络游戏场景中，尤其是近景区域，那么整体效果将会十分粗糙。所以在现在的3D 网络游戏制作中，类似这样的植物模型通常用于玩家无法靠近的远景区域，或者用来制作地表的花草植被和低矮灌木等。

图 4-24　在 3ds Max 中添加显示 Alpha 贴图

图 4-25　十字插片法

　　虽然我们无法利用一组十字插片的 Plane 模型作为树木模型，但利用这种方法却延伸出了当今 3D 网络游戏树木植物制作的基本方法。我们可以绘制一组树木枝干连同树叶的 Alpha 贴图，将其添加到 Plane 模型上，并制作成一组十字插片，然后将这组十字片复制穿插到树木主干上，通过旋转、缩放、复制等操作最终制作出完整的树木模型（见图 4-26）。

图 4-26　利用十字插片法制作树木模型

　　对于 3D 网络游戏场景中植物模型的制作，我们要注意 3 点：①要严格控制模型的面数，因为树木模型要在 3D 网络游戏场景中大面积使用，必须尽可能节省资源；②树木模型的形态不能制作得过于夸张，要保证其普通的特性，模型枝干和叶片要均匀制作，可以通过旋转不同的角度来使用；③模型的 Alpha 贴图要能够随时替换，这样可以通过替换贴图来快速制作出新的树木模型。另外，Alpha 贴图绘制得越精细和真实，通道镂空越精确，最后整体的叶片效果就会越好。植物贴图的绘制需要在日常的制作中不断练习，在随书的配套资源中提供了众多优秀的植物贴图，希望能够作为参考帮助大家学习。下面通过实例制作具体讲解如何利用插片法来制作 3D 网络游戏场景中的植物模型。

　　下面制作一个 3D 网络游戏场景中的花草植物模型。首先，打开 3ds Max 软件，在视图中创建一个 Plane 模型，然后向材质球中添加一个带有 Alpha 通道的绿草贴图，并将其添加到 Plane 模型上（见图 4-27）。

图 4-27　为 Plane 模型添加 Alpha 贴图

　　接下来选中 Plane 模型，单击视图右侧的 Hierarchy 面板，通过 Affect Pivot Only 按钮激活模型的轴心点，将其向一侧移动（见图 4-28）。然后关闭 Affect Pivot Only 按钮，选中 Plane 模型，按住 "Shift" 键将模型进行旋转复制，将其互相围绕成三角形结构（见图 4-29）。

图 4-28　调整轴心点

图 4-29　旋转复制

对于地表上单棵的花草植物，一般会利用十字插片法进行制作。而对于连成片的草丛，则通常利用上面的方法进行制作，这样就会基本形成一个从任何角度观看都不会"穿帮"的模型结构。当然，仅仅这样做还不够，下面还要对其进行细化处理。

在 3 个 Plane 模型围成的三角形正中间创建一个八边圆柱体模型（见图 4-30），将其塌陷为可编辑的多边形，首先删除模型的顶面和底面，然后进入点层级调整相应顶点，利用缩放命令将模型上面制作成喇叭口形状（见图 4-31）。同时为其添加与 Plane 相同的 Alpha 贴图，由于圆柱体自带贴图坐标，所以这里只需要进入 UV 编辑器调整 UV 网格即可。接下来为了制作细节效果，将编辑完成的圆柱体模型复制一份，利用缩放命令向内收缩调整，形成内部的花草层次细节（见图 4-32）。

图 4-30　创建圆柱体模型

利用圆柱体模型编辑制作花的茎部结构。由于模型较细，为了减少模型面数，这里将圆柱体边数设定为 3，在茎的顶部可以将模型的顶点全部焊接为一个点（见图 4-33）。

图 4-31　编辑模型

图 4-32　复制模型制作层次细节

图 4-33　制作花的茎部结构

　　接下来利用十字 Plane 模型制作茎部上方的花（见图 4-34），这里就是典型的十字插片法的应用，花的贴图也是 Alpha 贴图（见图 4-35）。

图 4-34 利用十字 Plane 模型制作茎部上方的花

图 4-35 添加花的贴图后的效果

至此，模型就基本制作完成了，但这时的模型都是单面的，没有双面效果，下面介绍双面模型的制作方法。植物模型制作完成后，在导入游戏引擎编辑器之前，3D 网络游戏美术师必须在 3ds Max 中将植物带有 Alpha 贴图的模型部分处理成双面效果。最简单的方法就是勾选材质球设置中的 2-Sided 选项（见图 4-36），这样贴图的材质就有了双面效果，虽然现在大多数的游戏引擎也支持这种设置，但这是一种不可取的方法，主要是因为这种方法会大大加重游戏引擎和硬件的负担，在游戏公司实际的项目制作中不提倡这种做法。

正确的做法是：选择植物的叶片模型，按"Ctrl+V"组合键原位置复制（Copy）一份模型，然后在堆栈命令列表中为新复制出的模型添加 Normal（法线）命令，将新复制的模型法线进行翻转，从而形成无缝相交的双面模型效果（见图 4-36）。虽然这种方法增加了模型的面数，但并没有给引擎和硬件增加多少负担，这也是当前游戏制作领域中最为通用的双面模型效果的制作方法。

我们在视图中将制作完成的花草植物模型进行穿插复制摆放，利用旋转和缩放命令进行调整，让整体模型更加自然，这样可以模拟游戏引擎中实际场景的效果（见图 4-37）。

图 4-36　植物模型双面效果的制作方法

图 4-37　最终完成的效果

　　下面利用十字插片法制作更为复杂的树木植物模型。制作树木时通常先制作树干部分，然后再利用十字插片法制作树叶部分，树干的制作又包括主干、支干和树根等模型结构的制作。

　　首先，在 3ds Max 视图中创建一个圆柱体模型，将其作为树干的基础模型，圆柱体的边数和分段数设置没有太多要求，因为后面都要通过编辑多边形命令来进一步制作和编辑（见图 4-38）。然后将模型塌陷转换为可编辑的多边形，在点层级下进行编辑，将圆柱体调整为弯曲的树干结构（见图 4-39）。

图 4-38　创建圆柱体模型

图 4-39　编辑弯曲模型

通常树干的自然生长都是越近末端越细，所以这里要利用缩放对模型顶点进行编辑，同时利用面层级下的挤出命令完成整个主干模型的制作（见图 4-40）。

图 4-40　制作主干模型

接下来制作树木的枝干模型，与主干模型的制作方法基本相同，利用圆柱体模型作为基础模型进行多边形编辑，通常将圆柱体设置为六边或八边比较合适。然后适当调整弯曲程度，让枝干模型更加自然（见图 4-41）。

图 4-41　利用圆柱体制作枝干模型

通常枝干模型不需要制作很多，制作 3 种不同形态的基本模型就足够用了，因为在实际拼接的过程中，可以通过旋转、缩放等命令让同一枝干表现出不同形态的效果，甚至只制作一个枝干模型也能表现树枝的千姿百态。接下来需要将枝干拼接到主干模型上，这里没有什么固定的制作方式，尽量让树枝自然生动就可以，然后要通过四视图观察各个角度的模型效果，尽量不留死角（见图 4-42）。

图 4-42　拼接枝干模型

接下来需要在主干模型的根部添加一些细节结构，利用多边形边层级下的 Cut 命令切割出新的边线和分段，制作出主干上的凹陷模型结构（见图 4-43）。然后进入面层级选择根部的两个多边形面，利用挤出命令制作树根模型结构，同时要不断调整顶点让树根结构更加自然生动（见图 4-44 和图 4-45）。

图 4-43　制作主干上的凹陷模型结构

图 4-44　利用挤出命令制作树根模型

图 4-45　进一步编辑树根模型

　　利用相同方法制作出其他的树根模型。注意，为了节省模型面数，应对树根间多余的顶点进行焊接，如图 4-46 所示为制作完成的树根模型，如图 4-47 所示为制作完成的树干模型。

图 4-46　制作完成的树根模型

图 4-47   制作完成的树干模型

接下来需要为树干模型添加贴图，由于主干和枝干都是由圆柱体模型编辑而成的，所以模型自带圆柱体的贴图坐标映射，这部分模型的 UV 基本不需要过多调整。需要额外注意的是树根部分的模型 UV，这里可以在面层级下单独选择一条树根模型对其添加 Unwrap UVW 修改器，然后选择圆柱体贴图坐标映射方式，再对其利用 Pelt 命令进行平展和细节调整，逐一完成其他树根模型的 UV 平展（见图 4-48）。制作完成后，树根顶部与主干下端相衔接的部分会出现贴图相交的边缝，但其实不用过多担心，由于树皮采用四方连续贴图（见图 4-49），所以边缝并不会特别明显。

接下来制作树叶部分。首先制作十字 Plane 模型，将两个 Plane 模型相互垂直交叉，具体制作方法前面已经讲解过了。然后为其添加 Alpha 树枝和树叶贴图，这里采用 4 种不同形态的枝叶贴图，目的是为了让整体效果更加生动自然（见图 4-50）。

图 4-48   树根模型的 UV 平展

图 4-49　树干添加树皮贴图

图 4-50　制作十字 Plane 模型

　　然后将十字 Plane 模型的根部穿插在树干上，首先从树梢开始（见图 4-51），可以通过旋转缩放命令调整十字 Plane 模型的形态，让其富有多样性变化，沿着树干逐渐复制十字 Plane 模型，让其布满整个树干区域（见图 4-52）。

图 4-51　将十字 Plane 模型插在树干上

图 4-52　让十字 Plane 模型布满树干

　　插片的方法并不复杂，关键是要让 Plane 模型与树干结合得自然，同时密布整个树木。在插片时要时刻观察四视图，及时调整 Plane 模型的位置，保证 Plane 模型在各个视角中的形态美观，同时尽量减少十字片之间的穿插。如图 4-53 所示为树木模型最后完成的效果，整个树木模型一共用了不到 1000 个多边形面，完全符合 3D 网络游戏场景的制作要求。

图 4-53　最后完成的树木模型

　　其实，制作树木模型还有另一种插片方法：将一个 Plane 模型的横竖分段设置为 2，也就是"田"字片；然后将"田"的中心顶点拉曳制作为凸起状，这样 Plane 模型从侧面观察也会有厚度的效果，同时避免了穿帮的情况（见图 4-54）。

图 4-54　制作"田"字片

图 4-55 所示是一个桃树植物模型。制作完成树干后开始进行插片，这时就可以利用田字片来进行制作，将枝干、树叶和花全部绘制在 Alpha 贴图上，然后将田字片插接在桃树的主干模型上。如图 4-56 所示为插片完成的顶视图效果，用这种方法即使用很少的 Plane 模型也能制作出非常好的树叶效果。与十字片不同的是，这种插片方法对于贴图绘制的要求更高，因为田字片通常比较大，需要贴图的尺寸更大，细节更多。

图 4-55　桃树植物模型

图 4-56　插片完成的顶视图效果

除此以外，一些特殊的植物模型也都可以利用插片法来制作，如竹子模型。竹子在网络游戏场景中无法单独使用，通常是制作成片的竹林整体模型。单棵竹子的模型结构十分简单，主要由竹竿和竹叶两部分组成，竹竿通常为细长的四边形或五边形圆柱体模型，竹叶面片可以利用十字插片法来制作。竹叶 Alpha 贴图与柳树，以及花树的不透明贴图基本类似，都是将细枝和叶片绘制在贴图上，然后通过十字片 Plane 模型来进行插片制作，通常利用十字插片法制作的竹子枝叶都是向上生长的姿态（见图 4-57）。

除十字插片法外，竹子模型也可以用田字片来制作，模型整体忽略了细枝的部分，Alpha 贴图只需要绘制竹叶，然后通过田字片将树叶层层分布叠加，同样可以制作出生动自然的竹子模型（见图 4-58）。

图 4-57　十字插片法制作的竹子模型

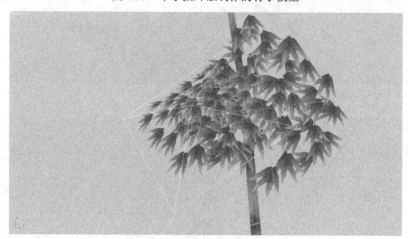

图 4-58　田字片制作的竹子模型

4.3　网络游戏场景山石模型实例制作

　　山石模型要想制作到位，必须紧紧抓住石头的形态和纹理这两方面特征。形态是针对模型来说的，而纹理则是指模型贴图。自然界中的岩石千姿百态，那是不是可以利用这种自然的特点来任意制作岩石模型呢？答案是否定的。在 3D 网络游戏场景美术制作中，自然不等于随意，尤其对于岩石模型的制作来说，不仅要抓住其自然性，更要保证模型美观的视觉效果。

　　我们依次来看图 4-59 中的 3 块岩石模型：左侧的模型虽然细节丰富，但模型整体过于刻板，缺少岩石的自然形态特征；中间的模型虽然形态自然，但造型过于独特且缺少细节，很难在网络游戏场景中大面积使用；右侧的模型形态生动自然、细节丰富，又没有过于显眼的特殊造型，适合在网络游戏场景中复制使用。

　　通过上面的对比，我们来总结一下岩石模型在制作时需要注意的几个方面：①岩石的形态要生动自然且美观；②岩石的整体造型要匀称，具有体量感，同时外形不宜过于

100

特殊；③在保证上面两点的前提下，权衡把握模型面数与制作细节之间的最佳平衡点。图 4-60 中的岩石模型可以作为这 3 点总结的参考范例，岩石的造型生动美观，体量感强，尽量利用贴图来增加细节纹理。

图 4-59　3 种不同形态的岩石模型

图 4-60　适合网络游戏场景中使用的岩石模型

　　岩石模型的制作也是通过几何模型的多边形编辑完成的，相对于植物模型、建筑模型、道具模型来说，可能岩石模型的制作过程最为简单，所以在模型多边形编辑制作部分没有太多需要讲解的，在这里只针对岩石模型制作中的一些小技巧来讲解说明。下面我们先来制作一个基础的岩石模型。

　　首先在 3ds Max 视图中创建一个 Box 基础几何体模型，并设置好合适的分段数（见图 4-61）。将 Box 模型塌陷为可编辑的多边形，进入点层级模式，利用 3ds Max 的正视图调整模型的外轮廓，形成岩石的基本外形（见图 4-62）。

　　在点层级下进一步编辑调整，同时利用 Cut 等命令在合适的位置添加边线，让岩石模型整体区域圆润，形成体量感（见图 4-63）。接下来需要制作岩石表面的模型细节，利用 Cut 命令添加划分边线，然后利用面层级下的 Bevel 或者 Extrude 命令制作出岩石外表面的突出结构，这样的结构可以根据岩石形态多制作几个（见图 4-64）。如图 4-65 所示是最终完成的岩石模型，可以通过四视图观察其整体形态结构，整体模型用面非常简练。像这种基础的单体岩石模型在实际项目制作中通常控制在 100 面左右。

图 4-61　创建 Box 模型

图 4-62　编辑多边形模型的外轮廓

图 4-63　调整模型结构

图 4-64　制作岩石模型结构

图 4-65　制作完成的岩石模型

　　初步制作出来的岩石模型一般来说是没有设置光滑组的，这就出现了一个问题：如果将这样的模型添加贴图后直接导入游戏中会出现光影投射问题，尤其是模型多边形面与面之间的边线会有严重的锯齿感，影响整体效果（见图4-66）。

　　要解决这个问题，就必须要对岩石模型进行光滑组设置。我们在多边形编辑模型下进入面层级，选择所有的多边形表面并将其设置为统一的光滑组编号，这样就解决了模型导入游戏后的光影投射问题。但新的问题也随之产生，统一光滑组的设置会使岩石模型整体过于圆滑，同时也会让之前制作的模型细节结构失去立体感。解决的方法有以下两种。

　　第一种方法是通过修改模型来实现，如图4-67所示，左图是统一设置光滑组后的模型，整体缺少立体感，我们可以选择模型突出结构的转折边线，利用Chamfer（边倒角）命令将转折边线制作为"双线"结构，这样即使是在统一的光滑组下，模型的结构也会十分立体，效果如图4-67中的右图所示。

图 4-66　游戏中的岩石模型问题

图 4-67　制作双线结构

　　这种方法在网络游戏场景山石模型的制作中被称为"双线勾勒法"。这种方法有个最大的优点，那就是统一光滑组下的模型既保持了实际游戏中良好的光影投射效果，同时也突出了自身结构的立体感和体量感。其缺点是会增加模型面数，但想要制作结构十分复杂并且凹凸感强的山石模型，这是最为有效的制作手段（见图 4-68）。在次时代游戏场景的制作中，这种方法尤为常用。

　　第二种方法是通过设置光滑组来实现，对岩石模型的不同结构设置不同的光滑组，让细节结构更加分明、突出（见图 4-69）。这种方法存在一个缺点，那就是在某些情况下仍然会出现光影投射问题。

　　所以，在实际的游戏项目制作中，选择双线勾勒法还是设置光滑组，需要根据游戏对于模型面数和整体效果的要求来权衡。

　　随着 3D 网络游戏制作技术的发展，在进入游戏引擎时代以后，游戏引擎编辑器可以帮助我们制作出地形和山脉的效果。除此之外，水面、天空、大气、光效等很难利用三维软件制作的元素都可以通过游戏引擎来完成，如今 80%的场景工作任务都是通过引擎编辑器来整合实现的。

图 4-68　利用双线勾勒法制作复杂的山石模型

图 4-69　设置不同的光滑组效果

　　但是由引擎编辑器制作的地形和山脉也存在缺点，因为其制作原理是将地表平面进行垂直拉高形成突出的山体效果，这种拉高的操作如果使相邻地表的高度差过大，就会出现地表贴图拉伸撕裂严重的现象，所以引擎编辑器只能用来制作连绵起伏的高山效果，也就是游戏中经常看到的远景山脉。但是在实际游戏中有时会需要近景的高山效果，尤其是仰视高耸入云的山体效果，它是无法通过地形编辑来实现的，这时就需要利用三维软件来制作山体模型了（见图 4-70）。

　　对于基本的山体模型，其实制作原理非常简单，就是将单体岩石模型利用移动、旋转、缩放和复制等操作进行排列组合，最后形成成组的山体模型效果。如图 4-71 所示，左图是山体模型的实际效果，右图就是单体岩石模型排列组合的线框图，这种山体模型的构建方法称为"组合式"山体模型。

　　网络游戏场景中的山石模型要想制作得真实自然，40%靠模型来完成，而剩下的 60%却要靠模型贴图来完善。模型仅仅创造出了石头的基本形态，其中的细节和质感必须通过贴图来表现，现在大多数游戏项目制作中对于山石模型贴图最为常用的类型就是四方连续贴图。所谓四方连续贴图，就是指在 3ds Max UVW 贴图坐标系统中，贴图在上、下、左、右四个方向上可以实现无缝对接，从而达到可以无限延展的贴图效果来对于连续贴图的知识，已经在前面的章节中进行过详细讲解，这里不再过多涉及，下面介绍网络游戏场景中山石模型的基本贴图技巧。

图 4-70　利用模型制作的远景高山

图 4-71　山体模型的制作

　　如图 4-72 所示，我们为一块制作完成的岩石模型添加一张四方连续的石质纹理贴图，然后选中模型，在堆栈命令窗口中为其添加 UVW Mapping 修改器，选择合适的贴图投射类型，这里选择 Planar（平面）方式，这样贴图纹理就基本平展在上模型了。

图 4-72　添加 UVW Mapping 修改器

　　接下来需要调整一下石头中间有贴图拉伸的 UV 网格，在堆栈窗口中为其添加 Unwrap UVW 修改器，在 UVW 编辑器中简单调整模型中间部分的 UV 网格点线，由于岩石纹理自然的特点，无须将其 UV 网格完全仔细地平展，这样就完成岩石模型贴图的添加过程了（见图 4-73）。

图 4-73　展平模型 UV

　　以上介绍的方法是现在大多数写实类游戏中常用的山石贴图方法，其优点是可以利用四方连续的贴图特点随意调整模型细节纹理的大小比例，用一张图片就可以完成所有大小不同的山石模型的贴图任务。

　　对于网络游戏场景中一些大型或者特殊的山石模型，如果利用上面的方法来制作，还必须将 UV 网格根据岩石的结构进行更细致的拆分，然后利用大尺寸贴图对细节进行详细的刻画绘制。如图 4-74 中的山石模型，其制作的方法更类似于游戏角色贴图的制作方法，其优点是可以充分地表现出山石模型的结构特点和纹理细节，制作出生动自然且独一无二的山石模型；缺点是随着项目进行的深入，伴随越来越多的模型产生过多的贴图资源，增加了游戏引擎的负担。所以，在大型游戏项目的研发中，这并不是最为通用的山石模型贴图的制作方法。

图 4-74　结构面数复杂的岩石模型

对于山石模型的制作，大家要在平时的学习中善于参照自然景物的照片进行模型制作练习，另外还要熟练掌握山石模型贴图的绘制和处理方法，在随书配套资源中附有大量写实和手绘的山石贴图供大家学习参考。

4.4　网络游戏场景道具模型实例制作

对于网络游戏场景中的道具模型来说，在实际的项目制作中，通常根据模型的体量大小可以将其分为两类：一类是应用于野外游戏场景和场景建筑中的，这类道具模型相对体量较大，如路灯、影壁、雕塑等；另一类多应用于室内场景中，如桌椅板凳、笔墨纸砚、瓶碗碟盏等，这类道具模型的体量较小，主要是为了丰富细节氛围。一般来说，体量大的道具模型用面多，但两种类道具模型都可以通过模型和贴图的合理应用使其更加精致。本节将通过两种香炉模型来学习不同类型道具模型的制作方法。

先来制作一个网络游戏场景中用于桌面摆放的小香炉模型。在现实场景中，这类香炉的尺寸大约为 30cm，由于体量小，所以在制作中可以适当减少模型用面，后期主要通过贴图进行细节表现。首先制作主体模型，在 3ds Max 视图中创建十二边形圆柱体模型，设置合适的分段数，将其作为多边形编辑的基础模型（见图 4-75）。

将圆柱体模型塌陷为可编辑的多边形，利用缩放命令调整模型的顶点，制作出香炉的底座结构（见图 4-76）。删除模型的顶面和底面，进入多边形的边缘层级，选中模型顶部的边线轮廓，按住"Shift"键向上拖曳，复制出新的模型面（见图 4-77）。利用同样的方法继续向上制作香炉的中部结构（见图 4-78）。

图 4-75　创建圆柱体基础模型

图 4-76　制作香炉的底座结构

图 4-77　拖曳与复制模型面

图 4-78　制作香炉的中部结构

　　接下来制作香炉的肚身模型结构（见图 4-79），要注意侧面模型弧度的结构处理。然后制作上部边缘的结构，其之后要与炉盖进行衔接（见图 4-80）。

图 4-79　制作香炉的肚身结构

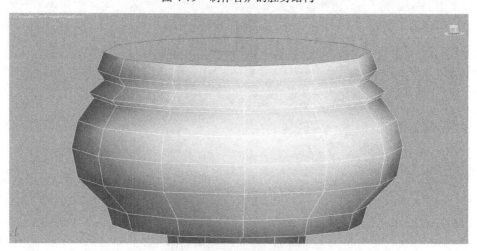

图 4-80　制作上部边缘的结构

接下来制作炉盖模型（见图 4-81），同样可以利用圆柱体模型进行编辑制作，炉盖模型的顶部要进行收缩。然后将炉盖模型与香炉模型的顶部对齐，调整好模型的衔接部分，使其基本无缝对接（见图 4-82）。

图 4-81　制作炉盖模型

图 4-82　将炉盖模型与香炉模型的顶部对齐

最后在炉盖模型的顶部添加球形装饰，这样香炉模型部分就基本制作完成了（见图 4-83）。

图 4-83　在炉盖模型的顶部添加球形装饰后的香炉模型

　　由于香炉模型是由圆柱体模型制作而成的，其自身存在圆柱体的 UV 结构，所以我们可以选择利用二方连续的方式绘制模型贴图。但由于模型存在较多结构的收缩，如果利用连续贴图，那么最终贴图的扭曲会比较严重，所以这里选择另一种 UV 分展方式。

　　模型为十二边圆柱体结构，我们可以将其按照圆轴分为对称的四部分，也就是将三边作为一个整体对其 UV 进行分展，后期对这部分 UV 绘制二方连续贴图，之后通过旋转复制即可完成整个模型的制作。这是对于中心对称模型拆分 UV 常用的方法。

　　进入多边形面层级，选中模型三边所有的模型面，然后通过反选选择（Ctrl+I）删除其余所有的模型面（见图 4-84）。接下来将剩余模型面的 UV 进行拆分与平展（见图 4-85），将贴图 UV 两侧的边缘进行无缝处理。图 4-86 所示为绘制完成的贴图。

图 4-84　通过反选选择删除其余所有的模型面

图 4-85　将剩余模型面的 UV 进行拆分与平展

　　将贴图添加到模型上，通过旋转复制的方式完成整个模型的制作，然后通过点层级下的 Weld 命令将接缝处的顶点进行焊接，如图 4-87 所示为模型最终完成的效果。

图 4-86 绘制完成的贴图

图 4-87 模型完成后的最终效果

对于体量小的道具模型来说，模型的制作还是相对简单的，其更多的是通过后期 UV 和贴图来表现模型细节的，而对于大型场景所应用的道具模型则更多的是通过增加模型结构来体现道具的细节与复杂化。下面就来制作一个体量更大、结构更为复杂的香炉道具模型。

首先，在 3ds Max 视图中创建一个 Box 模型，将分段数全都设置为 2（见图 4-88）。将 Box 模型塌陷为可编辑的多边形，在面层级下选中模型顶部的面，利用 Bevel 命令进行倒角处理（见图 4-89）。然后在面层级下利用 Extrude 命令将模型面挤出，利用 Insert 和 Bevel 命令制作出顶部结构，如图 4-90 所示。

图 4-88 创建 Box 模型

图 4-89　倒角处理

图 4-90　制作顶部结构

香炉的炉身主体就基本制作完成了，下面开始制作香炉的腿部结构。切换到 3ds Max 正视图，打开创建面板下的样条线窗口，利用 Line 开始绘制模型的轮廓结构（见图 4-91）。

图 4-91　绘制模型的轮廓结构

然后在堆栈窗口中添加 Extrude 命令，将线条轮廓转化为实体模型，如图 4-92 所示。此时的模型还没有完成，由于挤出的模型面的顶点之间并没有连接，这样的模型导入游戏引擎后会出现多边形面的错误。所以通常在添加 Extrude 修改器后需要将模型塌陷为可编辑的多边形，在点层级下通过 Connect 命令连接相应的顶点，使顶点围绕的多边形面不超过 4 边（见图 4-93）。这种利用线条挤出模型的方法适合轮廓复杂的扁平模型结构的制作。

图 4-92　将线条轮廓转化为实体模型

图 4-93　连接顶点

　　将制作完成的炉腿模型旋转合适的角度放置在主体模型下方的一角（见图 4-94）。选中炉腿模型，进入 Hierarchy 面板激活模型的轴心（Pivot），然后利用快捷按钮面板中的 Align 命令将炉腿模型的轴心对齐到香炉主体模型的中心（见图 4-95）。这样操作是为了后面能够利用镜像复制命令快速完成其他 3 条腿部结构的制作，这也是网络游戏场景模型制作中常用的方法（见图 4-96）。

图 4-94　放置炉腿模型

图 4-95　调整轴心点

图 4-96　利用镜像复制完成其他结构

　　接下来同样利用画线挤出的方法制作炉身侧面的装饰结构（见图 4-97），然后同样利用调整轴心点和镜像复制的方法将装饰结构与炉身模型相接合（见图 4-98）。利用 Box 模型弯曲制作装饰结构，并将其放置在炉子顶部两侧的位置（见图 4-99）。

图 4-97　制作炉身侧面的装饰结构

图 4-98　模型结构的拼接

图 4-99　制作顶部两侧的装饰结构

　　利用圆柱体模型编辑制作香炉模型顶部的装饰结构（见图 4-100），这样整个香炉模型就已经具备了基本的形态结构，如图 4-101 所示。其实这样的香炉模型完全可以应用于网络游戏场景中了，但接下来我们要对其进行更加复杂的装饰与制作，使其细节和结构更加复杂和精致。

图 4-100　利用圆柱体模型制作香炉模型顶部的装饰结构

图 4-101　香炉模型的完成效果

接下来在香炉模型的外围为其增加装饰结构。仍然利用绘制样条线和添加 Extrude 修改器的方法制作出香炉模型的装饰结构（见图 4-102 和图 4-103）。将完成的模型面内部的顶点进行连接，避免出现四边以上的模型面，然后将装饰结构放置在香炉模型的两侧（见图 4-104）。

图 4-102　绘制样条线

图 4-103　添加 Extrude 修改器

图 4-104 将装饰结构放置在香炉模型的两侧

在视图中创建 Box 模型，通过编辑多边形命令将其制作成图 4-105 中的形态，用到的命令就是面层级下的 Extrude、Bevel 和 Inset 等。制作方法比较简单，这里就不过多讲解了。将完成的模型结构放置在香炉模型的正上方，即装饰结构中间的位置（见图 4-106）。同样，利用绘制样条线和挤出的方法制作出新的装饰结构（见图 4-107）。

图 4-105 编辑 Box 模型

图 4-106 调整模型的位置

图 4-107　制作新的装饰结构

　　将新的装饰结构放置在香炉下方，与香炉的腿部结构相结合，这里仍然可以利用调整轴心点和镜像复制的方法快速完成（见图 4-108）。复制香炉模型四角的装饰结构（见图 4-109），将其放置在香炉模型的底部，起到衔接作用。利用圆柱体模型制作一个四角底座模型（见图 4-110）。

图 4-108　利用调整轴心点和镜像复制的方法完成装饰结构与香炉模型腿部结构黏合

图 4-109　复制香炉模型四角的装饰结构

图 4-110　制作四角底座模型

　　在四角底座模型下方利用 Box 模型再编辑制作一个底座结构（见图 4-111），然后将其与香炉模型，以及装饰结构进行拼接（见图 4-112），这样整个香炉模型就基本制作完成了，最后的效果如图 4-113 所示。

图 4-111　制作底座结构

图 4-112　拼接模型

图 4-113 香炉模型完成后的效果

通过图 4-113 整体来看，我们为香炉模型制作的装饰结构就好像给香炉穿上了一层"外衣"。从功能和结构完整性来看，内部的香炉模型已经基本完善，而香炉外面的复杂结构仅仅起到了装饰与增强细节的效果，这种制作方法和思路也是 3D 网络游戏场景中模型制作所经常运用的。

模型制作完成后，需要对模型进行 UV 拆分和贴图绘制。UV 的拆分将按照香炉主体和装饰结构分成两部分，后期也将分成两张贴图进行绘制。这里需要将模型所有的 UV 面都进行平展，利用绘制样条线和挤出制作的装饰结构的方法进行拆分，如图 4-114 所示，而其他模型面单独进行平展即可。图 4-115 和图 4-116 所示为模型 UV 拆分的效果，图 4-117 所示为香炉模型最终添加贴图后的效果。

图 4-114 模型 UV 的拆分方法

图 4-115　香炉模型的 UV 拆分

图 4-116　装饰结构部分的 UV 拆分

图 4-117　模型完成后的最终效果

CHAPTER **5**

网络游戏场景
建筑模型制作

◣ 5.1 网络游戏场景建筑模型的概念及分类

　　建筑模型是 3D 网络游戏制作的主要内容之一，它是网络游戏场景主体构成中十分重要的一环，无论是网络游戏还是单机游戏，场景中的建筑模型都是其中必不可少的。对于三维建筑模型的熟练制作也是场景美术设计师必须掌握的基本能力。

　　其实，在游戏制作公司中，3D 网络游戏场景设计师有相当多的时间都是在设计与制作场景建筑，从项目开始就要忙于制作场景实验所必需的各种单体建筑模型。随着项目的深入，逐渐扩展到复合建筑模型，再到后期主城和地下城等整体建筑群的制作，所以对于建筑模型制作的能力，以及建筑学知识的掌握都是游戏制作公司对于场景美术师评价最基本的标准。新人进入游戏公司后，最先接触的就是场景中的建筑模型，因为建筑模型大多方正有序、结构明显，只须掌握 3ds Max 最基础的建模功能就可以进行制作，所以这也是场景制作中最易上手的部分。

　　在学习制作建筑模型之前，首先要了解游戏中不同风格的建筑分类，这主要根据游戏的整体美术风格而言，首先要确立基本的建筑风格，然后抓住其风格特点，这样制作出的模型才能生动贴切，符合游戏所需。

　　根据现在市面上不同类型的游戏，从游戏题材上可以分为"历史""现代"和"幻想"。"历史"就是以古代为题材的游戏，如国内目标公司的《傲视三国》《秦殇》系列，法国育碧公司的《刺客信条》系列；"现代"就是贴近我们生活的当代背景下的游戏，如美国 EA 公司的《模拟人生》系列，RockStar 公司的《侠盗飞车》系列；"幻想"就是以虚拟构建出的背景为题材的游戏，如日本 SE 公司的《最终幻想》系列。

　　如果按照游戏的美术风格来分，又可以分为"写实"和"卡通"。写实类的场景建筑就是按照真实生活中人与物的比例来制作的建筑模型，而卡通类的就是我们通常所说的 Q 版风格，如韩国 NEXON 公司的《跑跑卡丁车》、网易公司的《梦幻西游》等。另外，如果按照游戏的地域风格来分，又可以分为"东方"和"西方"。"东方"主要指中国古代风格的游戏，国内大多数 MMORPG 游戏都属于这种风格，"西方"主要指欧美风格的游戏。

　　综合以上各种不同的游戏分类，可以将网络游戏场景中的建筑风格分为以下几种类型，下面让我们通过图片来进一步认识不同风格的场景建筑。

　　（1）中国古典建筑（见图 5-1）。

图 5-1 《古剑奇谭》中的中国古典建筑（主城）

（2）西方古典建筑（见图 5-2）。

图 5-2　七大奇迹中的西方古典建筑（古代希腊风格的神殿）

（3）Q 版中式建筑（见图 5-3）。

图 5-3　Q 版中式建筑（民居）

（4）Q 版西式建筑（见图 5-4）。

图 5-4　《龙之谷》中的 Q 版西式建筑（城堡）

（5）幻想风格建筑（见图5-5）。

图5-5　《TERA》中的西方幻想风格建筑

（6）现代写实风格建筑（见图5-6）。

图5-6　现代写实风格建筑

除游戏场景和建筑的风格外，从专业的游戏美术制作角度来看，网络游戏场景中的建筑模型主要分为单体建筑模型和复合式建筑模型。单体建筑模型指在 3D 网络游戏中用于构成复合场景的独立建筑模型，它与场景中的道具模型一样，也是构成网络游戏场景的基础模型单位。单体建筑模型除具备独立性外还具有兼容性，这里的兼容性是指不同的单体建筑模型之间可以通过衔接结构相互连接，进而组成复合式的建筑模型。图5-7中分别为单体建筑模型和复合式建筑模型。

学习单体建筑模型的制作是每位游戏场景设计师必修的基本功课，对其掌握的深度也直接决定和影响日后复合式建筑模型，以及大型3D网络游戏场景的制作能力，所以对本章内容的学习一定要遵循从精、从细的原则，扎实掌握每一个制作细节，同时要加强日常练习，为以后大型网络游戏场景的制作打下基础。

图 5-7　单体和复合式建筑模型

5.2　网络游戏场景单体建筑模型实例制作

　　通常来说，网络游戏场景中的主体模型一般是指场景中的建筑模型，网络游戏场景设计师大多数时间也都在跟建筑模型打交道。对于 3D 网络游戏的场景设计来说，只有接触到了专业的场景建筑设计才算是真正步入了这个领域，才会真正明白这个职业的精髓和难度所在，很多刚刚进入这个专业领域的新手在接触到场景建筑后都会有此感悟。对于场景中建筑模型的学习，通常都是从单体建筑模型入手的，本节将带领大家深入学习网络游戏场景中单体建筑模型的制作。

　　对于网络游戏中的建筑模型来说最重要的就是"结构"，只要紧抓模型的结构特点，制作将会变得十分简单，所以在制作前对于制作对象的整体分析和把握将会在整个制作流程中起到十分重要的作用。对于编著者而言，一般会把这一过程看得比实际制作还要重要。制作前对模型结构特点的清晰把握，不仅会降低整体制作的难度，还会节省大量的制作时间。

　　另外，3D 网络游戏场景的最大特点就是真实性。所谓的真实性，就是指在 3D 网络游戏中，玩家可以从各个角度观察游戏场景中的模型和各种美术元素，3D 网络游戏引擎为我们营造了一个 360°的真实感官世界。所以在制作过程中要时刻记住这个原则，保证模型的各个角度都要具备模型结构和贴图细节的完整度，在制作中要随时旋转模型，从各个角度观察模型，及时完善和修正制作中出现的疏漏和错误。

　　对于新手来说，在游戏模型制作初期最容易出现的问题就是模型中会存在大量"废面"，要多多利用 Polygon Counter 工具，及时查看模型的面数，随时提醒自己不断修改和整理模型，避免废面的产生。其实，网络游戏场景的制作并没有想象中的复杂和困难，只要从基础入手，脚踏实地地做好每个模型，从简到难，由浅及深，在大量积累后必然会让自己的专业技能获得质的提升。

　　图 5-8 为本节实例制作单体建筑模型最终完成的效果图。两座建筑都是典型的中国古代传统建筑，其包含各种古典建筑元素，如屋脊、瓦顶及斗拱等。对于建筑模型的制

作，可以按照从上到下的顺序来进行，首先制作屋顶和屋脊等结构，然后制作主体的墙面结构，最后是地基台座和楼梯结构的制作。而对于建筑墙面和屋顶瓦片等细节部分，则主要通过后期贴图来表现，下面就开始实际模型的制作。

图 5-8　本节实例制作单体建筑模型最终完成的效果图

我们先从图 5-8 左侧的建筑开始制作，首先在 3ds Max 视图中创建 Box 模型（见图 5-9）。

图 5-9　创建 Box 模型

　　然后将 Box 模型塌陷为可编辑的多边形，通过面层级下的挤出命令制作出屋顶主脊的基本结构（见图 5-10）。因为主脊模型为中心对称结构，所以我们只需要制作一侧即可，另一侧可以通过调整轴心点（Pivot）和镜像复制的方法来完成（见图 5-11）。之后只需要将主脊的两部分拼接（Attach）到一起并焊接（Weld）衔接处的顶点即可。

　　接下来制作主脊下方的屋顶模型。同样，先在视图中创建 Box 模型，将其对齐放置在主脊的正下方（见图 5-12）。将 Box 模型塌陷为可编辑的多边形，通过收缩顶部的模型面制作出中国古代建筑瓦顶的结构（见图 5-13）。选中模型底部的面，利用面层级下的 Extrude 命令向下挤出一个厚度结构，将其作为屋檐瓦当的结构（见图 5-14）。

　　进入多边形边层级，选中瓦顶侧面 4 条倾斜的边线，通过 Connect 命令增加一条横向的边线分段（见图 5-15）。然后通过缩放命令，收缩刚创建的边线，制作出瓦顶的弧线效果，这里增加的分段越多，弧线效果越自然，但同时也要考虑面数的问题（见图 5-16）。

图 5-10　制作屋顶主脊的基本结构

图 5-11　通过调整轴心点和镜像复制的方法完成另一侧模型的制作

图 5-12　创建新的 Box 模型并将其放置在主脊的正下方

图 5-13　制作瓦顶结构

图 5-14　制作屋檐瓦当结构

图 5-15　增加分段边线

图 5-16　收缩边线

　　接下来需要制作一个中国古代建筑中的特有结构——飞檐。所谓飞檐，就是瓦顶四角向上翘起的形态效果。制作飞檐结构主要要在屋顶的四角进行切割画线，首先在任意一角利用 Cut 命令增加新的边线（见图 5-17）。利用同样的方法在这一角的对称位置也增加这样的边线，其他三角如是。之后进入多边形点层级，选中四角的模型顶点，向上拉起即可完成飞檐的结构制作（见图 5-18）。

图 5-17　利用 Cut 命令增加新的边线

图 5-18　完成飞檐结构的制作

　　屋顶制作完成后，我们向下制作墙体结构。进入面层级，选中屋顶底部的模型面，利用 Inset 命令向内收缩，然后通过 Extrude 命令向下挤出，完成建筑上层的墙体结构（见图 5-19）。

图 5-19　制作建筑上层的墙体结构

利用刚刚讲解的同样流程和方法可以完成建筑下层的瓦顶和墙体结构，效果如图 5-20 所示。接下来通过 Box 模型编辑制作屋顶的侧脊模型（见图 5-21），然后将侧脊模型放置在屋顶一角，调整位置和旋转倾斜角度并将侧脊模型的轴心点与屋顶的中心进行对齐（见图 5-22）。之后通过镜像复制的方法就可以快速完成其他 3 条侧脊模型的制作了（见图 5-23），下层屋顶的侧脊同样可以利用复制的方法来完成（见图 5-24）。

图 5-20　制作建筑下层的瓦顶和墙体结构

图 5-21　制作屋顶的侧脊模型

图 5-22　调整轴心点

图 5-23　通过镜像复制的方法完成其他侧脊模型

图 5-24　制作下层屋顶的侧脊

　　接下来利用 Box 模型编辑制作立柱模型，并利用复制的方法将其放置在建筑下层墙体的四角位置（见图 5-25）。然后利用 Box 模型编辑制作建筑的地基台座模型，台座上方利用挤出命令制作出结构效果，顶面利用 Inset 命令向内收缩出一个包边效果，这主要是为了后面贴图美观和细节的考虑（见图 5-26）。最后，在台座正面利用 Box 模型编辑制作楼梯台阶模型。在网络游戏场景中的模型制作中，台阶通常不用实体模型制作，主要靠贴图来表现细节（见图 5-27）。图 5-28 为建筑模型最终完成的效果。

图 5-25　制作立柱模型

图 5-26　制作地基台座模型

图 5-27　制作楼梯台阶模型

网络游戏场景建筑模型制作

137

图 5-28　建筑模型最终完成的效果

以上通过一个小型的单体建筑模型的制作学习了网络游戏场景中建筑模型制作的基本流程与方法技巧，其实在制作中的许多方法与技巧同样适用于其他模型的制作。下面开始制作之前效果图中较大的场景建筑模型。

建筑整体分为三层，我们同样按照从上向下的顺序制作。首先制作屋顶主脊的模型（见图 5-29）。然后利用 Box 模型制作侧脊模型，由于建筑结构的不同，这里的侧脊模型并不是倾斜的（见图 5-30）。利用 Box 模型编辑制作侧脊之间的瓦顶与墙体模型（见图 5-31）。然后向下制作建筑中层的瓦顶与墙体模型，瓦顶也要制作飞檐的结构效果（见图 5-32）。用同样方法完成建筑底层瓦顶和墙体模型的制作（见图 5-33）。

图 5-29　制作屋顶主脊的模型

图 5-30　制作侧脊模型

图 5-31　制作侧脊之间的瓦顶与墙体模型

图 5-32　制作中层的瓦顶与墙体模型

图 5-33　制作底层的瓦顶和墙体模型

　　接下来制作建筑底层屋顶正面的拱形结构。进入多边形边层级，选择底层房檐正面的所有横向边线，执行 Connect 命令，制作出纵向的分段布线（见图 5-34）。选中刚刚制作的中间两列纵向边线，将其向上提拉制作出拱形结构（见图 5-35）。

图 5-34　增加分段边线

图 5-35　制作拱形结构

　　将刚刚制作的模型结构进行布线划分，连接多边形相应的顶点，这样做是为了保证每个多边形的面都控制在四边形以内，在模型导入游戏引擎前还要对模型进行详细检查，确保模型不出现五边以上的多边形面（见图 5-36）。

图 5-36　连接模型顶点

　　然后添加中层和下层的屋脊模型，同时在底层墙体的四角制作立柱模型（见图 5-37）。对于同样的场景建筑装饰元素，可以直接复制之前制作完成的模型。

图 5-37　添加中层和下层的屋脊模型与制作立柱模型

　　接下来要在底层房檐的四角下、立柱上方制作斗拱模型。斗拱是中国古代建筑的支撑结构，出现在网络游戏建筑模型中主要起到装饰作用。在视图中创建 Box 模型，将其编辑制作成图 5-38 中的形态。然后将模型进行横向排列，通过穿插纵向的模型完成斗拱模型的制作（见图 5-39）。将斗拱模型放置在屋顶下方，与立柱进行衔接（见图 5-40），然后通过镜像复制完成其他斗拱模型的制作。

图 5-38　制作拱形结构

图 5-39　制作斗拱模型

图 5-40　摆放斗拱位置

　　在正门上方和拱顶房檐下，利用 Box 模型制作装饰支撑结构（见图 5-41）。最后制作出建筑的地基底座平台和楼梯结构（见图 5-42），这样这个房屋建筑的模型部分就制作完成了，最终效果如图 5-43 所示。

图 5-41　制作装饰支撑结构

图 5-42　制作建筑的地基底座平台和楼梯结构

图 5-43　最后制作完成的模型效果

　　模型制作完成后，接下来就是对模型进行 UV 分展和贴图的绘制。前面多次提到过，对于场景中的建筑模型来说，大部分细节都是靠贴图完成的，如砖瓦的细节、墙体的石刻、木纹雕刻、门窗结构等全是通过贴图绘制实现的。建筑模型贴图与道具模型贴图不同，除屋脊等特殊结构的贴图外，一般要求制作成循环贴图，墙体和地面石砖贴图等通常是四方连续贴图，木纹雕饰、瓦片等一般是二方连续贴图。本节实例制作的模型一共只用了 10 张独立贴图（见图 5-44），同一个模型的不同表面都可以重复应用不同的贴图，贴图的坐标投射方式一般采用 Planar 模式，要求充分利用循环贴图的特点来展开 UV 网格。

　　下面以建筑瓦顶为例讲解建筑模型 UV 分展的方法。首先进入多边形面层级，选择屋顶模型相应对称的两部分模型面，然后添加带有瓦片贴图的材质球（见图 5-45）。此时的模型 UV 坐标还没有处理和平展，所以贴图还处于错误状态。接下来我们需要将贴图 UV 坐标平展，让贴图正确投射到模型表面。

jz_cddishi_A　　jz_cdfangdi_A　　jz_cdfanglouti_A　　jz_cdfangzhu_A　　jz_cdfangzhu_B

jz_cdfangzs_B　　jz_cdqiangbian　　jz_cdwudi_A　　jz_cdwuding_B　　jz_cdwuji_B

图 5-44　实例制作模型所用的贴图

图 5-45　选择模型面

进入多边形面层级，选择刚才赋予过瓦片贴图的多边形面，在堆栈窗口中添加 UVW Mapping 修改器（见图 5-46），并选择 Planar 贴图坐标投射方式，然后在 Alignment（对齐）面板中单击 Fit（适配）按钮，这样贴图就会以相对正确的方式投射在模型表面。

图 5-46　添加 UVW Mapping 修改器

接下来在堆栈窗口中继续添加 Unwrap UVW 修改器（见图 5-47），打开 UV 编辑器，在 Edit UVWs 编辑窗口中调整模型面的 UV 网格，让贴图正确分布显示在模型表面。瓦顶主要注意瓦当部分的 UV 线分布，通常瓦片为二方连续贴图，所以可以通过整体左右拉伸 UV 网格来调节瓦片的疏密。采用同样的方法可以完成屋顶其他两面的贴图（见图 5-48）。

图 5-47　继续添加 Unwrap UVW 修改器

图 5-48　采用同样方法完成屋顶其他两面的贴图

　　网络游戏场景中建筑模型的贴图大多数都是先绘制好贴图的，然后通过调整 UV 让模型与贴图进行适配，但对于一些特殊的结构部分，如屋脊等装饰，也会像角色类模型一样先分展 UV、后绘制贴图。接下来我们选择一条屋顶的侧脊模型，将其模型的侧面和上下边面的贴图 UV 坐标分别平展到 UV 编辑器窗口中的 UVWs 蓝色边界内，然后可以通过 Render UVW template 工具将贴图坐标输出为 JPG 图片，并导入 Photoshop 中来绘制贴图（见图 5-49）。另外，这里有一个特殊技巧，当完成这个侧脊模型的 UV 坐标平展后，由于另外 3 个都是由复制得到的，所以可以将已经完成模型的 Unwrap UVW 修改器拖曳复制到其他模型上，这样可以快速完成 UV 的分展工作。

图 5-49　侧脊模型的 UV 分展

　　对于网络游戏场景中建筑模型的 UV 与贴图工作，基本都遵循"一选面，二贴图，三投射，四调 UV"的方法流程，我们可以利用这种方法将本章实例中建筑模型其他部分的贴图制作完成（见图 5-50 和图 5-51）。这种处理模型 UV 坐标和贴图的方式也是现在 3D 网络游戏场景建筑模型制作中的重要技术手段与方法，在之后的实例制作中还会大量应用。

图 5-50　墙面和立柱的贴图效果

图 5-51　上层建筑的贴图效果

在建筑模型的贴图过程中，经常会遇到一些模型角落和细窄边面，这些地方不仅不能放任不管，还需要从细处理，因为在 3D 网络游戏中，模型需要从各个方位接受玩家的观察，所以任何细小的边面贴图都要认真处理，避免出现贴图拉伸扭曲等错误。对于这些结构的贴图调整，没有十分快捷的方法，也是按照上面讲解的流程来处理，通常不需要对这些结构绘制单独的贴图，只需要选择其他结构的贴图重复利用即可。

在前面制作地基台座模型时，我们提到过"包边"。所谓的包边，就是指模型转折面处为了添加过渡贴图的模型面，通常这样的模型面都非常细窄，所以称为"包边"。为了避免转折面处低模的缺点，既可以采用添加装饰结构的方法，也可以采用"包边"贴图的方法，两者目的相同、方向不同。前者利用模型过渡，后者则利用贴图过渡（见图 5-52）。楼梯台阶部分的模型也要特别注意包边的处理（见图 5-53）。图 5-54 是模型贴图最终完成的效果。

图 5-52　模型包边结构的贴图处理

图 5-53　楼梯台阶模型的包边处理

图 5-54　模型贴图最终完成的效果

5.3　网络游戏场景复合建筑模型实例制作

在之前的内容中我们学习了网络游戏场景中单体建筑模型的制作，这一节我们将主要学习如何利用单体建筑模型来复合游戏场景。所谓复合游戏场景，就是指在 3D 网络游戏的场景制作中，通过多种场景道具、单体建筑等基本单位拼接构成的相对完整的组合式场景。从某种意义上说，复合场景本身就可以算作一个小范围的完整场景，不同的复合场景模型之间通过添加衔接结构再构成更大规模的复合场景，所以制作复合场景模型的关键就是模型间的相互衔接，衔接方式不一定多么复杂，但通过巧妙的衔接设计却能够起到画龙点睛的作用。

图 5-55 是本节实例制作模型最终完成的效果图，这是一个中国古代风格游戏中的驿站场景，从图中来看，整体场景是由基本的单体建筑模型组合拼接而成的，建筑风格为中国古代传统的歇山式建筑，也就是屋顶一般由一条主脊和 4 条侧脊构成框架。整个场景的单体建筑分为：双层的主建筑、附属房屋建筑、塔楼和后院的马厩等，除此以外，场景中还包括各种围墙、角塔、番旗和各种装饰用的道具模型。

图 5-55　驿站场景效果图

下面我们从顶视图具体看一下整个场景中各单体建筑的衔接与排列组合方式，从图 5-56 中来看，中间深色图块区域中的双层主建筑处于整个场景正面中央位置，两侧和背面由单体建筑与之相衔接，图中长方形图块区域的单体建筑都是可以通过复制得到的，所以在制作的时候只需要制作一个即可。主建筑侧后方是塔楼，院墙的角落里是马厩，除此以外还有连接各房间的道路。

图 5-56　场景顶视图的排列布局

在制作的时候我们首先制作场景中央的主体建筑模型，然后制作与主体建筑相接的单体建筑模型，这个建筑模型可以复制摆放。其次再来制作塔楼、马厩和各种小型装饰场景道具模型。之后将场景中的所有建筑模型进行拼接与摆放。最后制作出围墙和道路。以上就是基本的制作思路和流程，下面开始实际的模型制作。

首先制作双层的主体建筑模型，在视图中创建 Box 模型（见图 5-57），将其作为制作建筑屋顶的基础模型。接下来将模型塌陷为可编辑的多边形，将 Box 模型的顶面进行收缩，形成房顶结构，然后利用 Connect 命令添加分段，将屋顶制作得更加圆滑（见图 5-58）。

图 5-37　创建 Box 模型

图 5-58　编辑屋顶模型

选中模型底面，利用 Extrude 命令向下挤出，制作出瓦檐的厚度，继续向下挤出并收缩，制作瓦檐底部的结构（见图 5-59）。沿着模型向下继续挤出模型面，制作出二层楼体结构和下层屋顶的模型结构（见图 5-60）。按照同样的方法制作出底层建筑的模型结构（见图 5-61）。

图 5-59　继续挤出模型

图 5-60　制作二层楼体结构和下层屋顶的模型结构

图 5-61　制作底层建筑的模型结构

接下来制作屋脊侧脊模型（见图 5-62），同样利用多边形模型来制作，侧脊的弯曲弧度要根据屋顶的坡度来确定。之后我们将侧脊模型放置到屋顶上，其实现过程为：首先将屋脊模型放置在屋顶的一角，将侧脊的 Pivot 对齐到主体模型的正中心，然后通过镜像复制的方法完成其他侧脊的制作。这是制作屋脊结构常用的技巧方法（见图 5-63）。侧脊制作完成后，我们开始制作屋顶的主脊模型（见图 5-64），主脊通常中间要添加分段，让其成为左右对侧的结构。

图 5-62　制作屋脊侧脊模型

图 5-63　通过镜像复制的方法放置侧脊

图 5-64　制作屋顶的主脊模型

然后我们为建筑模型的墙体四角添加立柱模型，上层的立柱模型利用 Box 模型制作，下层的利用六边形圆柱体模型制作（见图 5-65）。

图 5-65　制作立柱模型

接下来为建筑模型制作装饰结构，包括屋顶下方的木梁结构、一层墙体的装饰木梁和窗户等，都是利用简单的 Box 模型制作的（见图 5-66）。在建筑模型的正面制作房门和窗户模型，门上方有一个简单的屋檐结构，这也是中国风建筑常见的结构形式（见图 5-67）。

主体建筑的模型基本制作完成后，我们开始制作附属的房屋建筑模型。首先制作房屋的屋顶和墙体结构，建模的方法跟主体建筑的制作基本一致（见图 5-68）。然后为房屋添加屋脊结构（图 5-69）和门窗等装饰结构（图 5-70）。在这里，屋脊的模型可以直接复制主建筑的屋脊，这样可以节省制作时间。

图 5-66　制作装饰结构

图 5-67　制作房门和窗户模型

图 5-68　制作屋顶和墙体结构

图 5-69　制作屋脊结构

图 5-70　制作门窗等装饰结构

　　接下来制作塔楼模型，仍然是首先制作屋顶和屋脊结构（见图 5-71），然后向下延伸，制作出塔楼的墙体结构（见图 5-72）。然后制作窗户及木梁和立柱等装饰结构（见图 5-73 和图 5-74）。

图 5-71　制作屋顶和屋脊结构

图 5-72　制作塔楼的墙体结构

图 5-73　制作窗户结构

图 5-74　制作木梁和立柱等装饰结构

　　最后剩下的单体建筑模型就是马厩，我们首先利用圆柱体和 Box 模型搭建出马厩的基本框架（见图 5-75）。在框架的基础上继续添加木栏，让结构更加丰富（见图 5-76）。

图 5-75　制作马厩的基本框架

图 5-76　丰富结构

接下来在框架的顶部制作草棚模型，我们利用 Plane 模型进行编辑制作。我们需要将表面制作出凹凸不平的自然效果（见图 5-77）。在正面制作出围栏结构，类似于门的效果（见图 5-78）。最后在马厩内部添加各种场景道具模型以丰富环境效果，包括草堆、马槽、木轮、马套等（见图 5-79）。图 5-80 为最终完成的马厩模型。

图 5-77　制作草棚模型

图 5-78 制作围栏结构

图 5-79 添加场景道具模型

图 5-80 最终完成的马厩模型

单体建筑模型制作完成后，下面开始为模型添加贴图。房屋建筑的墙体和屋顶都为相同的二方连续贴图，其他的屋脊、立柱、横梁、门窗等结构都为木质贴图。塔楼模型除屋顶和地基外，基本都为木质材质，马厩模型的贴图基本也是木质材质，大多数的木质贴图都可以利用同一张，以节省贴图张数。图5-81~图5-84分别为主建筑、附属房屋、塔楼和马厩模型的贴图效果。

图 5-81　主建筑的贴图效果

图 5-82　附属房屋的贴图效果

图 5-83　塔楼的贴图效果

图 5-84　马厩模型的贴图效果

　　下面我们开始将单体建筑模型进行拼接，组合成复合建筑模型。首先将附属房屋背对主建筑侧面的墙体进行拼接，然后复制附属房屋，将其侧面与主建筑另一侧的墙体相拼接（见图 5-85）。再复制一个附属房屋模型，将其侧放在主建筑背面，在这座附属房屋背面与主建筑形成的角落里放置塔楼模型（见图 5-86）。接下来我们设置院墙模型，将驿站场景围出一个后院的结构（见图 5-87）。然后在后院留出院门，并在院墙转折角上添加角塔模型，同时在后院内放置马厩模型，如图 5-88 所示，这样就基本完成了单体模型的组合与拼接。

图 5-85　主建筑与附属房屋的拼接

图 5-86　放置塔楼模型

图 5-87　制作院墙模型

图 5-88　制作院门、角塔并放置马厩模型

对于小型的复合场景，尤其是由游戏建筑构成的场景，我们通常会在建筑模型拼接完成后再来制作道路模型，道路模型一方面符合场景的客观性，另外也起到了连通和衔接场景建筑的作用。

在制作道路模型前，我们首先在视图中创建 Plane 模型并为其添加草地贴图，这将作为场景的地表平面，方便后面道路模型的制作与观察（见图 5-89）。

图 5-89　制作地表平面

在场景主建筑门前创建 Box 模型，调整其高度，只让其稍高出地表平面即可（见图 5-90）。将 Box 模型塌陷为可编辑多边形，选中模型侧面的边线，利用 Connect 命令添加两道分段边线，如图 5-91 所示。接下来进入多边形面层级，选中分段中间一侧的模型面，利用 Extrude 命令将其挤出（见图 5-92）。

图 5-90　创建 Box 模型

图 5-91　添加分段边线

图 5-92　挤出模型面

利用以上这种添加分段边线和挤出模型面的制作方法继续制作后面的道路模型，要让道路连接到每一个建筑的门口，同时道路也要按照整个场景的布局进行分布，如图 5-93 所示。要注意道路转折处的布线处理，如图 5-94 所示，这种布线是为了后期贴图的添加与衔接。制作完成的道路模型如图 5-95 所示，最后为道路模型添加贴图（见图 5-96）。图 5-97 为整个复合场景制作完成的效果，整个场景仅用了六千余面。

图 5-93　将道路连接到建筑门口

图 5-94　道路转折处的布线处理

图 5-95　制作完成的道路模型

图 5-96　为道路模型添加贴图

图 5-97　场景最终完成的效果

5.4　Q 版游戏场景建筑模型实例制作

前面的内容主要以写实风格的模型制作为主。其实，写实风格的建筑模型的整体制作流程与方法同样适用于 Q 版风格的场景建筑模型的制作。只不过 Q 版场景中的建筑大多具有自己独特的风格特点，只要善于总结并抓住这些特点，那么 Q 版场景与写实场景在制作上并没有太多区别。对于 Q 版的网络游戏场景来说，通常模型面数十分精简，这里需要注意的是，Q 版面数的限制其实并不是由于要考虑硬件和引擎负载的缘故，而是由自身风格所决定的，低精度模型的棱角和简约感刚好符合 Q 版化的设计理念。

Q 版的网络游戏场景总体来说，其最大的特点就是夸张，将正常比例结构的建筑通过夸张的艺术手法改变为卡通风格的建筑，这也就是"Q 化"的过程。所以对于新手来说，要制作 Q 版的场景建筑，完全可以先将其制作成写实风格的建筑，然后通过调整结构和比例的关系实现 Q 化，下面就来看一下实现 Q 化的基本方法。

图 5-98 是 3ds Max 视图中的 3 种柱子模型，左侧为正常写实风格的建筑结构，中间和右侧就是 Q 版建筑风格的结构。对于 Q 版场景中的建筑结构进行 Q 化的基本方法就是"收和放"，如图 5-98 所示，中间的柱子就是将其中部放大同时收缩顶底的效果，右侧的柱子恰恰相反，是将其中部收缩同时放大顶底后的效果。

图 5-98　3ds Max 视图中的 3 种柱子模型

经过这两种方法的处理，正常的柱子都变成了可爱的卡通风格，这种方法对于建筑模型也同样适用。写实风格建筑的墙体都是四四方方、正上正下的结构，可以通过 Q 化使之变成圆圆胖胖和细细瘦瘦的卡通风格（见图 5-99）。

图 5-99　建筑墙体结构的 Q 版设计

以上介绍的 Q 化方法只是最基本的方法，其实 Q 版场景建筑还有更多的风格特色需要制作者去把握。图 5-100 中是一座完整的 Q 版场景建筑，建筑整体基本是下小上大的倒梯形结构，屋脊结构夸张、巨大，柱子和墙体采用了上面介绍的 Q 化方法来制作，建筑的细节结构，如瓦片、门窗、装饰等多为简约、紧凑的结构特点，地基围墙也是紧紧贴在建筑周围。另外，从模型贴图来说，Q 版建筑的贴图基本是纯手绘风格，大多采用亮丽的颜色，尽量避免使用纹理叠加和体现卡通风格。

Q 版建筑是网络游戏场景建筑中比较独特的门类，其制作方法并不复杂，主要是对于建筑特点和风格的把握，只要善于观察，多多参考相关的建筑素材，同时进行大量的实践练习，那么假以时日一定能掌握 Q 版场景建筑模型的制作诀窍和要领。

图 5-101 为本节 Q 版游戏场景建筑的原画设计图，两个建筑都是以中国传统建筑为基础进行设计的，Q 化主要体现在建筑整体的轮廓和造型上，建筑整体为圆柱体，除墙体外增加了很多圆柱形的建筑装饰结构，同时门窗也都为圆形设计，增加了建筑 Q 化风格。除此以外，第二个建筑屋顶上还有一个鱼形装饰，更增添了建筑的情趣和氛围。下

面开始实际模型的制作。

图 5-100　Q 版游戏场景建筑

图 5-101　Q 版游戏建筑原画

　　首先，在 3ds Max 视图中创建一个八边形圆柱体模型（见图 5-102）。将模型塌陷为可编辑的多边形，放大模型底面（见图 5-103），同时执行面层级下的 Extrude 命令将模型面挤出，将其作为建筑的屋顶结构。选中下方模型面，执行面层级下的 Insert 命令，将面向内收缩（见图 5-104）。然后将收缩的模型面继续向下挤出（见图 5-105）。

图 5-102　创建八边形圆柱体模型

图 5-103 放大模型底面

图 5-104 收缩模型面

图 5-105 向下挤出模型面

进入多边形边层级，选中基础模型侧面的所有边线，利用 Connect 命令添加两条横向分段边线（见图 5-106）。进入点层级，调整模型的顶点（见图 5-107），将圆柱中间进行放大，制作出模型的 Q 版特点。然后继续将模型底面向下挤出，制作出下方的边楞结构（见图 5-108）。

图 5-106　添加分段边线

图 5-107　调整模型的顶点

图 5-108　制作下方的边楞结构

　　利用 Box 编辑制作屋脊模型，这里仍然要把握 Q 版建筑结构的特点，屋脊上窄下宽，效果如图 5-109 所示。将制作完成的屋脊模型放置到屋顶的一条边楞上，然后将屋脊模型的轴心点与建筑主体进行中心对齐（见图 5-110）。接下来就可以利用旋转复制的方式快速完成其他屋脊模型的制作了（见图5-111）。

图 5-109　制作屋脊模型

图 5-110　调整屋脊轴心点

图 5-111　旋转复制得到其他屋脊模型

　　接下来在视图中创建五边形圆柱体模型，仍然要制作成上窄下宽的Q版风格，将窄的一端穿插到建筑墙体的下边（见图5-112）。将圆柱体模型复制一份进行放大，将其放置在建筑下面作为木质支撑结构，然后通过调整轴心点和旋转复制的方式可以快速完成其他结构的制作（见图 5-113）。

图 5-112　创建五边形圆柱体模型

图 5-113　制作下方的支撑结构

最后用一个板状的 Box 模型作为木板楼梯结构，在建筑旁边制作场景道具模型（见图 5-114），这样其中一个 Q 版建筑模型就制作完成了，完成效果如图 5-115 所示。

图 5-114　制作楼梯和场景道具模型

图 5-115　Q版建筑模型完成的效果

接下来开始制作第二个Q版建筑模型。首先还是从屋顶结构开始制作，制作方法与前面一样都是利用八边形圆柱体模型进行多边形编辑的，只不过这里需要制作双层房檐结构，如图5-116所示。然后将模型底面向下挤出制作出墙体结构（见图5-117），墙体采用上窄下宽的Q版化设计。在墙体下方利用Bevel命令制作出一个底座结构，底座侧面从上到下逐渐收缩（见图5-118）。

图 5-116　制作双层房檐结构

图 5-117　制作墙体结构

图 5-118　制作底座结构

接下来为房顶添加屋脊结构，这里可以直接复制之前制作的屋脊模型，同样利用调整轴心点和旋转复制的方式快速完成所有屋脊模型的制作（见图 5-119）。在顶层屋脊结构的上方添加圆柱体模型，将其作为建筑的装饰结构（见图 5-120）。在建筑的底部添加楼梯结构和场景道具模型，这样整个建筑主体就基本制作完成了（见图 5-121）。

图 5-119　添加屋脊结构

图 5-120　添加装饰结构

图 5-121　添加楼梯结构和场景道具模型

最后需要制作建筑顶部的鱼形装饰结构。首先在 3ds Max 视图中创建 Box 模型，设置合适的分段数，由于鱼形装饰为中心对称结构，所以只需要编辑制作一侧的模型结构，另一侧通过镜像复制就能完成（见图 5-122）。将 Box 塌陷为可编辑的多边形，调整模型的顶点，编辑出基本的轮廓外形（见图 5-123）。

图 5-122　创建 Box 模型

图 5-123　编辑基本的轮廓外形

通过 Cut 命令增加分段边线，进一步编辑模型，将模型制作得更加圆滑（见图 5-124）。通过挤出命令和进一步编辑制作出鱼的嘴部结构（见图 5-125）。最后制作出鱼的尾部结构（见图 5-126）。通过镜像复制并焊接顶点完成整个鱼形装饰模型的制作，将模型放置到屋顶，这样整个 Q 版建筑模型就制作完成了，最终效果如图 5-127 所示。

图 5-124　进一步编辑模型

图 5-125　制作鱼的嘴部结构

图 5-126　制作鱼的尾部结构

图 5-127　模型最终完成的效果

　　模型制作完成后，下一步需要对模型进行 UV 分展和贴图绘制。Q 版模型的贴图一般都是纯手绘制作的，风格也更偏卡通，多用亮丽的颜色进行平面填充，所以在 UV 方面不用过多担心 UV 的拉伸问题。这里可以将模型 UV 进行简单分展，然后再进行贴图的绘制，将屋顶瓦片进行单独拆分，之后是屋脊和场景道具装饰，最后墙体部分可以制作成二方连续贴图，每一座建筑的所有模型元素 UV 都可以拼接到一张贴图上。图 5-128 为绘制完成的模型贴图。

图 5-128　手绘风格的 Q 版模型贴图

　　贴图绘制完成后，将其添加到模型上，然后通过 UV 编辑器再对 UV 进行细节调整，保证贴图能够正确匹配到模型上，如图 5-129 所示。图 5-130 为本节实例制作模型在 3ds Max 视图中最后完成的效果。

图 5-129　进一步调整模型 UV

图 5-130　模型最终完成的效果

CHAPTER

游戏引擎野外
场景实例制作

对于市面上常见的网络游戏来说，它的场景部分其实是由众多野外地图构成的，每一张地图中都包含了大量的局部地图场景，这种关系就类似于我们生活中的旅游景区，如果把整个景区看作游戏中的野外地图，那么景区中的各个独立景点就是野外地图中的局部地图场景。游戏企划部将野外地图整体规划完成后，游戏场景设计师负责开始制作每一个独立的局部地图场景，之后再来处理它们之间的地图过渡区域，这样最终就完成了整个野外地图场景的制作。

一个完整的野外场景应当包括地表地形山脉、山石岩体、河流水系、树木植被，以及场景建筑等五大方面。对于大型野外局部场景的制作，也必须从这几大方面入手，针对不同的部分进行独立制作，最后再将所有模型元素进行整体拼合。其中，山石模型、植物模型和场景建筑模型需要在 3ds Max 中完成，地表地形和水系元素通常利用引擎编辑器来制作，最后的拼合过程也是通过游戏引擎编辑器实现的。

对于以上讲到的游戏野外场景五大元素，它们之间存在一种相互依托的关系，这种关系可以用金字塔体系来概括，如图 6-1 所示。首先，场景的地表地形山脉是借助引擎编辑器来实现的游戏场景平台，野外地图中的所有场景元素都必须依托于这个平台来实现，它是整个金字塔体系的根基所在；其次，在场景地形之上通过制作山石模型、植物模型和水系模型来丰富场景细节，它们与场景地形共同构成了野外地图场景的自然元素部分，这也是游戏野外场景与纯建筑场景的最大区别之处；最后，在场景自然元素部分之上还要制作场景建筑模型，其在整个金字塔体系中处于核心位置，它是构成整个场景的主体元素，也是游戏中玩家角色活动的主要区域。整个金字塔体系中的各个元素相互依托，各司其职，缺一不可。

图 6-1　游戏野外场景元素体系图

在了解了游戏野外场景中各元素之间的关系后，下面来介绍游戏野外场景的一般制作流程：

（1）在 3ds Max 中制作场景建筑模型、场景道具模型和各种装饰模型。

（2）在 3ds Max 中制作各种形态的山体岩石模型。

（3）在 3ds Max 中制作各种植物植被模型。

（4）在 3ds Max 中利用 Plane 面片、Alpha 贴图和 UV 动画制作场景中的瀑布水系。

（5）在游戏引擎编辑器中绘制地表地形和地表山脉。

（6）将 3ds Max 中制作的所有场景元素进行导出，然后导入游戏引擎编辑器中。

（7）利用引擎编辑器将所有场景元素进行整合，进一步编辑制作地图场景的细节。

（8）地图场景基本制作完成以后，在引擎编辑器中添加光影效果、各种粒子和动画特效，对场景整体进行烘托和修饰。

总体来说，游戏野外场景的制作过程仍然遵循了上面的金字塔体系，基本按照金字塔图中从上到下的顺序来制作。首先制作主体建筑模型，其次分别制作各个自然元素部分，最后制作场景地形地表，并将所有元素进行整合，整个流程是一个"由零化整"的过程。对于场景模型的制作方法在前面的章节中已经详细讲解过，这里不再过多涉及。本章主要针对 Unity3D 游戏引擎编辑器进行讲解，由于内容和篇幅的限制，无法将引擎编辑器中的所有命令逐一进行讲解，这里更多侧重于整体制作流程的学习。

6.1 3ds Max 模型优化与导出

对于要应用于游戏引擎的三维模型来说，当模型在 3ds Max 软件中制作完成时，它所包含的基本内容（包括模型尺寸、单位、模型命名、节点编辑、模型贴图、贴图坐标、贴图尺寸、贴图格式、材质球等）都必须符合制作规范，一个归类清晰、面数节省、制作规范的模型文件对于游戏引擎的程序控制管理是十分必要的。在本书中，我们将以 Unity 引擎作为讲解的范例编辑器。下面就来讲解一下在 Unity 引擎编辑器中所应用模型的制作要求和规范。

1. 对于模型面数的控制

在 3ds Max 软件中制作单一模型的面数不能超过 65000 个三角形面，即 32500 个多边形（Polygon），如果超过这个数量，模型物体不会在引擎编辑器中显示出来，这就要求我们在模型制作时必须时刻把握模型面数的控制。在 3ds Max 中，可以通过 File 菜单下的 Summary Info 工具或者工具面板中的 Polygon Counter 工具来查看模型物体的多边形面数。每一种游戏引擎编辑器都有自己对于模型面数的限制和要求，而省面的原则也是游戏模型制作中时刻需要遵循的最基本原则。

2. 对于模型 Pivot 的设置

在 3ds Max 中制作完成的游戏模型，一定要对其 Pivot（轴心）进行重新设置，可以通过 3ds Max Hierarchy 面板下的 Adjust Pivot 选项进行设置。对于场景模型来说，尽量将轴心设置于模型基底平面的中心，同时一定要将模型的重心与视图坐标系的原点对齐，如图 6-2 所示。

3. 对于模型的单位设置

通常以"米（Meters）"为单位，可以在 3ds Max 的 Customize 自定义菜单下，通过 Units Setup 命令来进行设置，在弹出的面板的显示单位缩放中选择 Metric-Meters，并在 System Unit Setup 中设置系统单位缩放比例 1Unit=1Meters（见图 6-3）。

图 6-2　在 3ds Max 中设置模型的轴心

图 6-3　在 3ds Max 中设置系统单位

4. 对于 3ds Max 建模的要求

建模时最好采用 Editable Poly（编辑多边形）进行建模，这种建模方式在最后烘焙时不会出现三角面现象，如果采用 Editable Mesh，在最终烘焙时可能会出现三角面的情况。要注意删除场景中多余的多边形面，在建模时，玩家角色视角以外的模型面可以删除，主要是为了提高贴图的利用率，降低整个场景的面数，提高交互场景的运行速度，如模型底面和贴着墙壁物体的背面等（见图 6-4）。

图 6-4　删除看不见的模型面

同一游戏对象下的不同模型结构，在制作完成导出前，要将所有模型部分塌陷并拼接（Attach）为一个整体模型，然后再对模型进行命名、设置轴心和整理材质球等操作。

5. 对于模型面之间的距离控制

默认情况下，Unity 引擎是不承认双面材质的，除非使用植物材质球 Nature 类型，所以在制作窗户和护栏等利用 Alpha 贴图制作的模型物体时，如果想在两面都能看到模型，则需要制作出厚度，或者复制两个面翻转其中一个的 Normal 法线，但是这两个模型面不能完全重合，否则导入引擎后会出现闪烁现象，这就涉及模型面之间的距离问题。通常来说，模型面与面之间的距离推荐最小间距为当前场景最大尺度的两千分之一。例如，在制作室内场景时，物体面与面之间的距离不要小于 2mm；在制作场景长（或宽）为 1km 的室外场景时，物体面与面之间的距离不要小于 20cm。

6. 模型的命名规则

对于要应用到 Unity3D 引擎中的模型，其所有构成组件的命名都必须用英文，不能出现中文字符。在实际的游戏项目制作中，模型的名称要与对应的材质球和贴图命名统一，以便于查找和管理。模型的命名通常包括前缀、名称和后缀三部分，如建筑模型可以命名为 JZ_Starfloor_01，不同模型之间不能重名。

7. 材质贴图格式和尺寸的要求

Unity 引擎并不支持 3ds Max 所有的材质球类型，一般来说只支持标准材质（Standard）和多重子物体材质（Multi/Sub-Object）。而多重子物体材质球中也只能包含标准材质球，多重子物体材质球中包含的材质球数量不能超过 10。对于材质球的设置，通常只应用到通道系统，而其他诸如高光反光度、透明度等设置在导入 Unity 引擎后是不被支持的。

Unity3D 支持的图形文件格式有 PSD、TIFF、JPG、TGA、PNG、GIF、BMP、IFF、PICT，同时也支持游戏专用的 DDS 贴图格式。模型贴图文件的尺寸必须是 2 的 N 次方（8、16、32、64、128、256、512），最大贴图尺寸不能超过 1024×1024。

8. 材质贴图的命名规则

与模型命名一样，材质和贴图的命名同样不能出现中文字符，模型、材质与贴图的名称要统一，不同贴图不能出现重名现象，贴图的命名同样包含前缀、名称和后缀，如 jz_Stone01_D。在实际的游戏项目制作中，不同的后缀名代指不同的贴图类型，通常来说，_D 表示 Diffuse 贴图，_B 表示凹凸贴图，_N 表示法线贴图，_S 代表高光贴图，_AL 表示带有 Alpha 通道的贴图。

9. 关于模型物体的复制

对于场景中应用的模型物体，可以复制的尽量复制。如果一个 1000 个面的模型物体，烘焙之后复制 100 个，那么它所消耗的资源基本上和一个物体所消耗的资源一样多，这也是节省资源、提高效能的有效方法。

除了以上这些，在实际项目模型的制作中，还有一个必须要了解的概念，即碰撞盒。所谓的"碰撞盒"，就是指包围在模型表面，用来帮助引擎计算物理碰撞的模型面。如果把制作完成的场景或建筑模型导入游戏引擎，在实际的游戏中玩家操控的角色并不会与任何模型发生碰撞关系，角色靠近模型后会出现直接穿透模型的现象。因为在游戏引擎中，模型面和碰撞面是两个完全独立的部分，只有当模型面被赋予碰撞面后，在实际游戏中才会与玩家角色发生碰撞关系。

由于玩家角色并不是与模型的所有部分都能发生碰撞，如果将整体复制模型当作碰撞面，则会产生大量废面，占用大量引擎资源，加重引擎负荷，所以通常情况下当场景或建筑模型制作完成后，要单独制作模型的"碰撞盒"。图 6-5 中透明的模型面就是建筑模型的"碰撞盒"，制作的原则就是用面要尽量精简，同时要尽量贴近模型原本的表面，使碰撞计算更加精确。

图 6-5　建筑模型的"碰撞盒"

当模型制作完成后，需要导出模型。对于 Unity 引擎来说，最为兼容的模型导出格式为.FBX 文件。FBX 是 Autodesk MotionBuilder 固有的文件格式，该系统用于创建、编辑和混合运动捕捉与关键帧动画，它也是用于与 Autodesk Revit Architecture 共享数据的文件格式。虽然 Unity3D 引擎支持 3ds Max 导出的众多 3D 格式文件，但在兼容性和对象完整保持度上，FBX 格式要优于其他文件格式，所以其成为 3ds Max 输出 Unity 引擎的最佳文件格式，也被 Unity 官方推荐为指定的文件导入格式。

当模型或动画特效在 3ds Max 中制作完成后，可以通过 File 菜单下的 Export 命令进行模型导出。我们可以导出制作完成的整个场景，也可以按照当前选中的物体进行导出。接下来在路径保存面板中选择 FBX 文件格式，会弹出 FBX Export 设置面板，我们可以在该面板中对需要导出的内容进行选择性设置。

我们可以在 FBX Export 设置面板中设置包括多边形、动画、摄像机、灯光、嵌入媒体等内容的输出与保存，在 Advanced Options 高级选项中可以对导出的单位、坐标、UI 等参数进行设置。设置完成后单击 OK 按钮就完成了对 FBX 格式文件的导出（见图 6-6）。

图 6-6　FBX Export 设置面板

6.2　游戏引擎编辑器创建地表

场景模型元素制作完成后，下一步就要在 Unity 引擎编辑器中创建场景地形，地形是游戏场景搭建的平台和基础，所有美术元素最终都要在引擎编辑器的地形场景中进行整合。创建地形之前首先需要在 Photoshop 中绘制出地形的高度图，高度图决定了场景地形的大致地理结构，如图 6-7 所示，图中黑色部分表示地表水平面，越亮的部分表示地形凸起海拔越高，高度图的导入可以方便后面更加快捷地进行地表的编辑与制作。

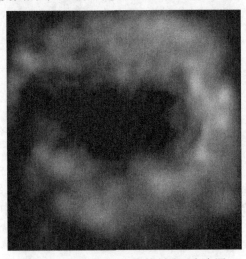

图 6-7　在 Photoshop 中绘制地形高度图

　　启动 Unity3D 引擎编辑器，首先通过 Terrain 菜单下的创建地形命令创建出基本的地表平面，然后单击 Terrain 菜单下的 Set Heightmap resolution 命令设置地形的基本参数，我们将地形的长、宽和高分别设置为 800、800 和 600，其他参数保持不变，然后单击 Set Resolution 按钮，如图 6-8 所示。地形尺寸设置完成后，通过 Terrain 菜单下的 Import Heightmap 命令导入之前制作的地形高度图，如图 8-9 所示。

图 6-8　创建地形平面

图 6-9　导入地形高度图

　　基本的地形结构创建出来后需要利用 Inspector 地形面板中的 Smooth Height 工具对地形进行柔化处理，这样做是为了消除高度图导入造成的地形中粗糙的起伏转折，如图 6-10 所示。

图 6-10　柔化地形

接下来通过地形面板中的绘制高度工具制作出山地中央的平坦地形，这是后面我们用来放置场景模型的主要区域，也是游戏场景中角色的行动区域，如图 6-11 所示。

图 6-11　利用绘制高度工具制作地表平面

通过地形凹陷工具或者绘制高度工具制作出凹陷的地形结构，这里将作为水池区域。在地形绘制过程中可以反复利用柔化工具进行处理，让地形结构的起伏更加自然柔和（见图 6-12）。

图 6-12　制作凹陷的水塘地形

　　在水池靠近山脉的一侧，用绘制笔刷制作出两个平台式地形结构，较低的平台用来放置巨树模型，较高的平台后面用来制作瀑布效果（见图 6-13）。

图 6-13　制作高地平台

　　基本的地形结构制作完成后，我们在地形面板中为地形导入一张基本的地表贴图，这里选择一张草地的贴图作为地形的基底纹理，在设置面板中将贴图的 X、Y 平铺参数设置为 5，缩小贴图比例让草地纹理更加密集，如图 6-14 所示。

　　继续导入一张接近草地色调的岩石纹理贴图，选择合适的笔刷，在凸起的地形结构上进行绘制，这一层贴图主要用于过渡草地和后面的岩石纹理（见图 6-15）。接下来导入一张质感坚硬的岩石纹理贴图，在地形凸起的区域进行小范围的局部绘制，形成山体的岩石效果（见图 6-16）。

图 6-14 添加地表贴图

图 6-15 绘制过渡纹理

图 6-16 绘制岩石纹理

第四张地表贴图为石砖纹理贴图，用来绘制场景的地面区域，主要用作角色行走的道路。这里要注意调整笔刷的力度和透明度，处理好石砖与草地的衔接（见图 6-17）。

图 6-17　绘制石砖纹理

基本的地表贴图绘制完成后，启动地形面板中的植树工具模块，添加导入 Unity3D 预置资源中的基本树木模型，选择合适的笔刷大小及绘制密度，在草地贴图区域范围内进行种树（见图 6-18）。然后在树木模型周围的草地贴图区域内进行草地植被模型的绘制（见图 6-19）。

图 6-18　种植树木

图 6-19　添加草地植被

接下来在 Unity3D 引擎编辑器中通过 GameObject 菜单下的 Create Other 命令来创建一盏 Directional Light 光源，用来模拟场景的日光效果，利用旋转工具调整光照的角度，在 Inspector 面板中对灯光的基本参数进行设置，将 Intensity 光照强度设置为 0.8，选择光照的颜色，在阴影模式中选择 Soft Shadows，同时添加设置 Flare 耀斑效果（见图 6-20）。

图 6-20　添加方向光光源

最后单击 Edit 菜单中的 RenderSettings 命令，在 Inspector 面板中添加 Skybox Material，为场景添加天空盒子，这样整个场景的基本地形环境效果就制作完成了（见图 6-21）。

图 6-21　添加天空盒子

188

6.3　游戏引擎模型的导入与设置

基本地形制作完成后，我们需要对之前制作的模型元素进行导出和导入的相关设置。首先需要将 3ds Max 中的模型文件导出为 FBX 格式文件，导出前需要在 3ds Max 中进行一系列的格式规范化操作。

打开 3ds Max 菜单栏 Customize（自定义）菜单下的 Units Setup 命令，单击 System Unit Setup 按钮，将系统单位设置为 Centimeters（厘米）。接下来打开之前制作的场景模型文件，在模型旁边创建一个长、宽、高分别为 1、1、1.8 的 Box 模型，用来模拟正常人体的大小比例（见图 6-22）。

图 6-22　设置系统单位

我们发现建筑模型的整体比例比 Box 模型大很多，这时就需要根据 Box 模型利用缩放命令调整建筑模型的整体比例，将其缩小到合适的尺寸（见图 6-23）。

图 6-23　将模型缩放到合适的尺寸

在 3ds Max 工具面板中选择 Rescale World Units 工具，将导出时的 Scale Factor（比例因子）设置为 100（见图 6-24），也就是说在模型导出时会被整体放大 100 倍，这样做是为了让模型在导入 Unity 引擎编辑器后保持与 3ds Max 中的模型尺寸相同。最后在导出前还需要保证模型、材质球和贴图的命名格式规范且名称统一，检查模型的轴心点是否处于模型的水平面中央，模型是否归位到坐标轴原点，一切都符合规范后就可以将模型导出为 FBX 格式文件了。

图 6-24　利用 Rescale World Units 工具设置导出比例因子

在将 FBX 文件导入 Unity 引擎前，需要对 Unity 项目文件夹进行整理和规范，在 Assets 资源文件夹下创建 Object 文件夹，用来存放模型、材质和贴图文件资源。在 Object 文件夹下分别创建 Materials 和 Texture 文件夹，分别存放模型的材质球文件和贴图文件（见图 6-25）。

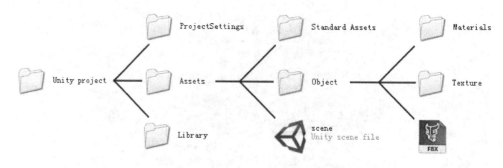

图 6-25　Unity 项目文件夹结构

接下来可以将 FBX 文件和贴图文件复制到创建好的资源目录中，然后启动 Unity 引擎编辑器，这样就能在 Project 项目面板中看到导入的各种资源文件了。下一步对导入的模型进行设置，选中项目面板中的模型资源，可以在 Inspector 面板中对模型的 Shader 进行设置，如果出现贴图丢失的情况，可以重新指定贴图的路径位置。

除此以外，还需要对模型的碰撞盒进行设置。对于复杂结构的模型，需要对碰撞区域进行单独制作；而对于模型数量较少且面数较少的模型，可以在 Inspector 面板中勾选 Generate Colliders 选项，这样整个模型就以自身网格作为碰撞盒与玩家角色发生物理碰撞阻挡。

6.4　游戏引擎中场景的整合与制作

场景地形创建完成后，模型导入设置完毕，下一步就要对整个游戏场景中的美术元素进行拼接和整合了。场景元素的拼接和整合从根本上来说就是让场景模型与地形之间进行完美的衔接，确定模型在地表上的摆放位置，实现合理化的场景结构布局。在这一步开始前通常会将所有需要的模型元素全部导入 Unity 引擎编辑器的场景视图，然后通过复制的方式随时调用适合的模型，实际制作时通常按照建筑模型、植物模型和岩石模型的顺序导入与摆放。

首先将喷泉雕塑模型和圆形水池平台模型导入并放置于场景中央，调整模型之间的位置关系，模型摆放完成后要利用地形工具绘制模型周边的地表贴图，保证模型和地表完美衔接（见图 6-26）。

以喷泉和水池模型为中心，在其周围环绕式分布放置房屋建筑模型，左侧为一大一小建筑，右侧为三座小型房屋建筑，同样要修饰建筑模型周围的地表贴图（见图 6-27）。在场景入口的道路中间导入牌坊模型（见图 6-28）。

图 6-26　将喷泉雕塑及水池模型放置在场景中央

图 6-27　布局房屋建筑模型

图 6-28　导入牌坊模型

在场景地面与水塘交界处构建起围墙结构，利用多组墙体模型组合构建，墙体模型之间利用塔楼进行衔接，在中间设置拱门墙体。这样通过墙体结构将整体场景进行了区域分割，墙体可以阻挡玩家的视线，玩家靠近并穿过后会发现别有洞天，这也是实际游戏场景制作中常用的处理方法（见图6-29）。

图 6-29 构建围墙结构

对于这种结构相对较小的场景模型，在引擎编辑器中进行移动和旋转等操作时要格外注意操作的精度，确保模型间穿插衔接不会出现穿帮现象（见图6-30）。

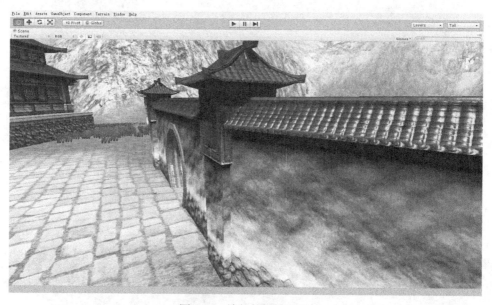

图 6-30 墙体的衔接处理

建筑模型基本整合完成后，我们开始导入场景中的植物模型。首先将巨树模型放置在水塘靠近山体一侧的平台地形上，让树木的根系一半扎入地表内，一半裸露在地表之上，利用地形绘制工具处理好地表与植物根系的衔接（见图6-31）。

图 6-31　导入巨树模型

　　导入成组的竹林模型，将其放置在房屋建筑后方的地表和水塘边上，通过复制的方式营造大片竹林的效果，每一组模型可以通过旋转和缩放等方式进行细微调整，使其具备真实自然的多样性变化（见图6-32）。

图 6-32　大面积布置竹林模型

　　在巨树模型后方的高地平台上放置拱形岩石模型，后面我们会在这里放置瀑布特效。将之前制作的各种单体岩石模型导入放置于地表山体之上，它们主要用来营造远景的山体效果，当设置场景雾效后，这些山体模型会隐藏到雾中，只会呈现外部轮廓效果（见图6-33）。

　　最后导入场景建筑附属的场景装饰模型，如大型房屋建筑门前的龙形雕塑抱鼓石，以及拱门墙体门口的装饰路灯模型，这类场景装饰模型可以在场景中大量复制使用（见图6-34和图6-35）。至此整个地图场景就基本制作完成了。

图 6-33　制作远景山体效果

图 6-34　导入龙形雕塑模型

图 6-35　导入路灯模型

6.5 场景的优化与渲染

在引擎编辑器中完成了建筑、植物、山石等模型的布局后，最后一步需要给游戏场景添加各种特效。为了进一步烘托场景氛围，增强场景的视觉效果，主要包括对场景添加水面和瀑布、喷泉、落叶等粒子特效，以及为整个场景地图添加雾效。

首先从项目面板中调用 Unity 预置资源中的 Daylight Water 水面效果，将其添加到场景视图中，利用缩放工具调整水面的大小尺寸，对齐放置在喷泉雕塑所在的水池中，因为是近距离观察的水面，所以我们将 Water Mode 设置为 Refractive 折射模式（见图 6-36）。

图 6-36　制作水池水面效果

将刚刚设置的水面复制一份，将其放置于水塘中，并调整其大小比例，让水面与周围的地形相接，然后在水面上放置成组的荷花植物模型（见图 6-37）。

图 6-37　制作水塘水面效果

从 Unity 项目面板中调用预置资源中的 WaterFall 粒子瀑布，将其放置在地形山体的顶部，使其形成下落的瀑布效果。设置 Inspector 面板中的粒子参数，将 Min 和 Max Size 分别设置为 3 和 8，将 Min 和 Max Energy 分别设置为 3 和 5，然后调整瀑布的宽度，将 Ellipsoid X 增大为 8，这样就完成了流动粒子瀑布效果的制作（见图 6-38）。

图 6-38　制作粒子瀑布

在瀑布与水面交界处需要放置水波浪花粒子特效，从项目面板中调用预置资源中的 Water Surface Splash，将 Min Size 和 Max Size 分别设置为 5 和 10，将 Min Energy 和 Max Energy 分别设置为 60 和 100，特效的半径范围可以通过 Tangent Velocity Z 来设定，这里将其设置为 6（见图 6-39）。

图 6-39　添加水波浪花粒子特效

从项目面板中调用预置资源中的 Water Fountain 粒子喷泉，将粒子发射器放置在喷泉雕塑顶端，在 Inspector 面板中设置粒子参数，将 Min Size 和 Max Size 分别设置为 1 和 2，将 Min Energy 和 Max Energy 分别设置为 2 和 3，将 Min Emission 和 Max Emission 分别设置为 200 和 300，Local Velocity Y 可以设置喷泉的高度，这里将其设置为 15（见图 6-40）。

图 6-40　制作顶部喷泉效果

接下来制作立柱下方兽面石刻流出的喷泉效果，这里利用 WaterFall 来模拟喷泉，将 Min Size 和 Max Size 分别设置为 0.5 和 1.5，将 Min Energy 和 Max Energy 分别设置为 1 和 3，将 Min Emission 和 Max Emission 分别设置为 100 和 300，Local Velocity Z 可以设置喷射的距离，这里将其设置为 3.7，Rnd Velocity 可以设置喷泉下端的发散效果，将 X、Y、Z 都设置为 -1（见图 6-41）。

图 6-41　制作底部喷泉效果

最后为整个场景设置雾效。雾效可以使场景具有真实的大气效果，使场景的视觉展现更富层次感，这也是游戏场景中必须要设置的基本特效。单击 Unity 引擎编辑器的 Edit 菜单，选择 RenderSettings 命令，在 Inspector 面板中勾选 Fog 激活雾效；Fog Color 可以设置雾的颜色，通常设置为淡蓝色；Fog Mode 设置为 Linear；Fog Density 密度设置为 0.1；然后将雾的起始距离设置为 50~500，也就是在玩家视线 50 单位以外到 500 单位内的范围产生雾效（见图 6-42）。

图 6-42　添加场景雾效

在整个游戏场景制作完成后，还需要为场景添加音效和背景音乐，在这个场景中最为突出的音效就是喷泉和瀑布的水流声。首先，在 Unity 项目文件夹 Assets 目录中创建 Sound 或者 Music 文件夹，可以将音效或者背景音乐的音频文件复制到其中，这样可以在 Unity 引擎编辑器中随时调用这些音频文件。

Unity 的游戏音效是以场景中的游戏对象为载体的，通过添加 Audio Source 控制器来实现音效的添加。选中喷泉雕塑周围的圆形石台，通过 Component 组件菜单下的 Audio 命令添加 Audio Source 控制器，在 Audio Clip 中添加喷泉的音效文件，勾选 Play On Awake 和 Loop 选项，这样当玩家角色在场景中靠近石台时就会听到喷泉的水流音效。利用同样的方法，将瀑布的水流音效添加到靠近水塘岸边的荷花植物模型上（见图 6-43）。对于音频所附属的游戏对象的选择并不是唯一的，可以根据场景的需要进行合适的选择。

接下来为整个游戏场景添加背景音乐，首先需要在场景视图中创建第一人称角色控制器，可以从项目面板的预置资源中调取，一个场景内的游戏背景音乐通常是唯一的，而且只能通过针对角色控制器来添加。通过 Component 组件菜单下的 Audio 命令为第一人称角色控制器添加 Audio Source 组件，然后将背景音乐的音频文件添加到 Audio Clip 中（见图 6-44）。

198

图 6-43　添加瀑布音效

图 6-44　导入第一人称角色控制器并添加背景音乐

以上操作完毕后，单击 Unity 工具栏中的播放按钮启动游戏场景，这样就可以通过角色控制器查看整个游戏场景了，但这时我们发现游戏场景中并没有音效和背景音乐的播放，虽然我们在场景中设置了音频的输出，但由于没有设置音频的收集模块，所以在实际的游戏运行中不会听到任何声音。解决的方法很简单，只要通过 Component 组件菜单下的 Audio 命令为第一人称角色控制器添加 Audio Listener 组件，当再次运行游戏时就可以完美收听游戏的音效和背景音乐了。

最后将制作的游戏场景进行简单的发布输出设置，单击 File 菜单下的 Build Settings 命令，在弹出面板的左下方窗口中选择 PC and Mac 选项，在窗口右侧选择 Windows 模式，然后单击右下角的 Build 按钮，这样整个游戏场景就被输出成了 .exe 格式的独立应用程序，运行程序在初始界面中可以选择窗口分辨率和画面质量，单击 Play 按钮就可以启动运行游戏了（见图 6-45）。

图 6-45　最终的游戏场景运行效果

CHAPTER 7

网络游戏
室内场景模型制作

7.1 网络游戏室内场景的特点

对于三维游戏项目中场景的制作，除场景元素模型和建筑模型外，还有另外一个大的分类项目，那就是游戏室内场景的制作。如果把场景道具模型看作 3D 网络游戏场景制作的入门内容，那么场景建筑模型就是中级内容，而室内场景的制作就是高级内容，对于一般刚进入游戏制作公司的新人来说，公司也会按照这样的工作内容顺序为其安排任务。

在三维游戏尤其是网络游戏中，对于一般的场景建筑，其仅仅需要它的外观去营造场景氛围，通常不会制作出建筑模型的室内部分，但对于一些场景中的重要建筑和特殊建筑，有时需要为其制作内部结构，这就是我们所说的室内场景部分。除此以外，游戏室内场景的另一大应用就是地下城和游戏副本。所谓的游戏副本，就是指游戏服务器为玩家所开设的独立游戏场景，只有副本创建者和被邀请的游戏玩家才允许出现在这个独立的游戏场景中，副本中的所有怪物、BOSS、道具等游戏内容不与副本以外的玩家共享。2004 年，美国暴雪娱乐公司出品的大型 MMO 网游《魔兽世界》正式确立了游戏副本的定义，同时《魔兽世界》也为日后的 MMO 网游树立了副本化游戏模式的标杆（见图 7-1）。游戏副本的出现解决了大型多人在线游戏中游戏资源分配紧张的问题，所有玩家都可以通过创建游戏副本平等地享受到游戏中的内容，使游戏从根本上解除了对玩家人数的限制。

图 7-1 《魔兽世界》中的游戏副本场景

对于地下城和游戏副本场景来说，由于其独立性的特点，在设计和制作时必定有别于一般的游戏场景，地下城或游戏副本场景必须避免游戏地图中的室外共享场景，通常被设定为室内场景，偶尔也会被设定为全封闭的露天场景。所以地下城和游戏副本场景根本就没有外观建筑模型的概念，玩家的整个体验过程都是在封闭的室内场景中完成的，这种全室内场景模型的制作方法也与室外建筑模型有着很大的不同。那么究竟室外建筑和室内场景在制作上有什么区别呢？

我们首先来看制作的对象和内容，室外建筑模型主要是制作整体的建筑外观，它强调建筑模型的整体性，在模型结构上也偏向于以"大结构"为主的外观效果。而室内场景主要是制作和营造建筑的室内模型效果，它更加强调模型的结构性与真实性，不仅要求模型结构制作更加精细，同时对于模型的比例也有更高的要求。

然后再来看在实际游戏中两者与玩家的交互关系，室外建筑模型对于游戏中的玩家来说都显得十分高大，在游戏场景的实际运用中也多用于中景和远景，即便玩家站在建筑下面也只能看到建筑下层的部分，建筑的上层结构部分也成为等同于中景或远景的存在关系。正是由于这些原因，建筑模型在制作时无论在模型面数还是在精细程度上都要求以精简为主，以大效果取胜。而对于室内场景来说，在实际的游戏环境中，玩家始终与场景模型保持十分近的距离关系，场景中所有的模型结构都在玩家的视野距离之内，这要求场景中的模型比例必须要与玩家角色相匹配，同时在贴图的制作上要求结构绘制更加精细、复杂与真实。综上所述，我们来总结一下室内游戏场景的特点。

（1）整体场景多为全封闭结构，将玩家与场景外界阻断隔绝（见图 7-2）。

图 7-2　全封闭的游戏场景

（2）更加注重模型结构的真实性与细节效果（见图 7-3）。

图 7-3　游戏室内场景的细节效果

（3）更加强调玩家角色与室内场景模型的比例关系（见图7-4）。

图7-4 角色与室内场景模型的比例

（4）更加注重场景光影效果的展现（见图7-5）。

图7-5 游戏场景中的光影效果

（5）对于模型面数的限制可以适当放宽（见图7-6）。

图7-6 模型复杂的室内场景

在游戏制作公司中，场景原画设计师对于室外场景和室内场景的设定工作有着较大的区别，室外建筑模型的原画设定往往是一张建筑效果图，清晰和流畅的笔触展现出建筑的整体外观和结构效果。而室内场景的原画设定，除主房间外通常不会有很具体的整体效果设定，原画师更多会提供给三维美术师室内结构的平面图，还有室内装饰风格的美术概念设定图，除此之外并没有太多的原画参考，这就要求三维场景美术师要根据自身对于建筑结构的理解进行自我发挥和创造，在保持基本美术风格的前提下，利用建筑学的知识对整体模型进行创作，同时参考相关的建筑图片来进一步完善自己的模型作品。

对于三维游戏场景美术师来说，相关的建筑学知识是以后工作中必不可缺的专业技能，不仅如此，游戏美术设计师本身就是一个综合性很强的技术职业，要利用业余时间多学习与游戏美术相关的外延知识，只有这样才能为自己日后游戏美术设计师的成功之路打下坚实的基础。

7.2　网络游戏室内场景实例制作（一）

3D 网络游戏室内场景的制作通常来说分为 3 个步骤，首先要搭建室内的场景空间，然后要制作室内场景中的各种建筑结构和细节，最后再在场景的内部添加各种场景道具模型和特效等。图 7-7 为本章实际制作场景的最终完成效果图，整个场景是一个室内房间，四周为墙壁和立柱，一侧有透光的窗户，房顶有复杂的装饰结构，房间四周摆满书架，中间放置着一个较大的装饰模型。

图 7-7　实际制作场景完成效果图

这个场景在实际制作时就可以按照前面所说的 3 个步骤，首先制作墙壁、地面和屋顶等基本的空间结构，然后制作立柱、窗户等相对复杂的室内建筑结构，最后在房间内部制作与添加书架等场景道具模型。下面开始实际场景的制作。

7.2.1　室内场景空间结构的搭建

首先，在 3ds Max 视图中创建长方形 Box 模型，在堆栈命令列表中为其添加 Normal

修改器，让整个 Box 法线反转，这样就形成了室内的墙壁结构（见图 7-8）。将 Box 塌陷为可编辑的多边形，进入多边形面层级，选中模型底面，通过 Insert 命令收缩模型面（见图 7-9）。然后继续利用 Extrude 命令将模型面向下挤出，制作出地面四周的平台结构（见图 7-10）。

图 7-8　创建 Box 模型并反转法线

图 7-9　收缩模型面

图 7-10　挤出模型面

接下来进入多边形边层级，选中墙壁四周纵向的模型边线，通过 Connect 命令添加两条分段边线，并调整边线的位置（见图 7-11）。然后通过 Extrude 命令挤出模型面，这里要选择 Local Normal 模式进行挤出，制作出墙壁上方的建筑结构（见图 7-12）。

图 7-11　添加分段边线

图 7-12　向内挤出建筑结构

选中较长一段墙壁所有横向的模型边线，通过 Connect 命令增加 4 条分段边线，增加分段是为了使后期贴图更便于调整（见图 7-13）。

进入多边形点层级，选中新加分段一条边线上的所有顶点，利用点层级下的 Make Planar 命令进行对齐，让顶点都沿直线排列（见图 7-14）。接下来开始制作屋顶的基本结构，为了便于操作，我们可以选中 Box 顶部模型面，利用 Detach 命令将其分离。然后通过 Inset 命令将模型面向内收缩，利用 Extrude 命令向上挤出编辑屋顶结构（见图 7-15）。通过 Inset 和 Extrude 命令继续向上制作屋顶内部的模型结构（见图 7-16），这样整个室内房间的基本空间结构就制作完成了，效果如图 7-17 所示。

图 7-13　增加分段边线

图 7-14　对齐顶点

图 7-15　编辑屋顶结构

图 7-16　制作完成的屋顶模型

图 7-17　制作完成的室内房间的基本空间结构

7.2.2　室内建筑结构的制作

室内场景中的房间基本空间结构制作完成后我们开始进一步制作室内的细节结构，主要包括立柱、门窗和地面装饰等。立柱分为两种，一种是房间四角的大型立柱，另一种是四周墙壁上的立柱，在实际制作中，相同结构样式的模型可以复制使用以提高工作效率，节省制作时间。

首先制作四角的大立柱，在 3ds Max 视图中创建八边形圆柱体模型，将其放置在房间一角（见图 7-18）。将圆柱体模型塌陷为可编辑的多边形，进入多边形面层级，选中圆柱底面，利用 Bevel 命令制作出立柱下方的柱墩结构（见图 7-19）。

立柱制作完成后我们发现模型有一部分已经嵌入进了墙体内部，在实际游戏中这部分模型面是完全不可见的，所以可以将其删除，节省场景的模型面数。接下来制作立柱上方的装饰结构模型，利用 Box 模型编辑制作最上方的装饰结构，如图 7-20 所示。然后同样利用 Box 制作立柱下方的装饰结构，如图 7-21 和图 7-22 所示。在立柱的上方制作与添加斗拱结构，增加模型的细节和丰富度，斗拱模型的制作方法在前面章节中已经讲过，这里就不再赘述（见图 7-23）。

图 7-18　创建八边形圆柱体模型

图 7-19　制作立柱下方的柱墩结构

图 7-20　制作立柱上方的装饰结构

图 7-21　制作立柱下方的装饰结构（1）

图 7-22　制作立柱下方的装饰结构（2）

图 7-23　在立柱的上方制作与添加斗拱结构

　　将制作完成的所有立柱结构全部拼接（Attach）到一起，然后将模型的轴心点与房间中心进行对齐，接下来就可以利用镜像复制命令快速完成其他 3 个立柱模型的制作，最后效果如图 7-24 所示。然后开始制作小型的立柱模型，柱体部分也是由圆柱体模型编辑而成的，两侧的装饰结构可以直接复制大立柱上的装饰结构（见图 7-25）。将制作完成的立柱进行复制，均匀布置在四周的墙壁上，效果如图 7-26 和图 7-27 所示。

图 7-24　镜像复制立柱模型

图 7-25　制作小型的立柱模型

图 7-26　复制小型的立柱模型

图 7-27　布置完成立柱后的效果

接下来制作房间一侧的窗户模型，窗户由 3 部分构成：两侧的立柱、中间的装饰结构和面片部分。首先制作一侧的立柱和上方的装饰模型（见图 7-28），然后通过对称镜像复制完成另一侧模型（见图 7-29）。最后制作面片模型并将其穿插放置在立柱之间，如图 7-30 所示。

图 7-28　制作立柱和上方的装饰模型

图 7-29　镜像复制模型完成另一侧模型

图 7-30　制作并添加面片模型

　　将制作完成的窗户模型复制放置在墙壁的立柱之间（见图 7-31）。接下来制作地面中间的装饰模型，由于房间面积较大会显得地面部分过于单一，而后期地面通常会添加四方连续贴图，制作装饰结构也可以打破贴图的重复性，增加场景的丰富度。在 3ds Max 视图中创建 Tube 模型，将模型的高度设置得小一些，这样就形成了圆环状的石板模型结构，可以根据模型在场景中面积的大小适当增加圆面的分段数（见图 7-32）。然后在原环中间创建相同高度的圆柱体模型（见图 7-33），圆柱体与圆环共同构成了一个地面装饰图案，后期配合贴图可形成很好的装饰效果（见图 7-34）。

图 7-31　复制窗户模型

图 7-32　创建 Tube 模型

图 7-33　创建圆柱体模型

图 7-34　地面的装饰效果

　　最后在房间一侧制作门和楼梯模型（见图 7-35 和图 7-36），这样整个室内场景结构就全部制作完成了，效果如图 7-37 所示。

图 7-35　制作门模型

图 7-36　制作楼梯模型

图 7-37　完成后的室内场景

7.2.3　场景道具模型的制作

室内场景模型基本制作完成后，下一步需要对场景增加细节，因此需要制作大量的场景道具模型对场景进行填充和布置。这里需要制作的场景道具模型主要有两种，一是分布在四周的书架模型，另一种是房间地面正中的场景装饰道具模型。

首先制作书架模型，在 3ds Max 视图中通过 Box 模型进行多边形编辑，制作出图 7-38 中的形态。将模型进行镜像对称复制，并焊接交界处的模型顶点，这样就完成了书架一层模型的制作，这样制作的好处是后期绘制贴图只需要制作一半即可（见图 7-39）。

接下来将制作完成的一层书架连续向下复制，完成整座书架的框架（见图 7-40）。在书架背面利用 Box 模型制作装饰结构，同样利用镜像复制的方式来完成（见图 7-41），然后在书架下方制作支撑结构（见图 7-42）。

图 7-38　编辑 Box 模型

图 7-39　镜像复制模型完成书架一层模型的制作

图 7-40　整座书架的框架

图 7-41　制作装饰结构

图 7-42　制作支撑结构

　　书架的基本框架模型制作完成后，需要再来制作书架上每一层摆放的书卷模型。书卷主要以堆放的形式出现，后期通过贴图来表现。我们可以制作几种不同形态的模型，然后通过复制摆放来实现多样性的变化（见图 7-43）。图 7-44 为书架模型完成后的效果，因为书架要在场景中大量复制使用，为了避免重复性，在复制后可以对不同书架上的书卷模型进行调整，使其各自具有不同的变化，这也是游戏场景模型制作中常用的技巧（见图 7-45）。

图 7-43　制作书卷模型

图 7-44　书架模型制作完成的效果

图 7-45　将书架模型复制摆放在场景中

最后在书架模型前面可以制作一些木梯模型，以增加场景的细节和丰富度（见图 7-46）。

图 7-46　制作木梯模型

接下来开始制作房间中央的装饰模型。首先在 3ds Max 视图中创建一个 Tube 模型，如图 7-47 所示。然后利用 Box 模型在圆环一侧制作一个支撑结构（见图 7-48），将支撑结构的轴心与 Tube 中心对齐,利用旋转复制的方式完成其他 3 面模型的制作（见图 7-49）。将 Tube 模型复制一份，将其放大并放置在支撑结构的上方（见图 7-50）。

图 7-47　创建 Tube 模型

图 7-48　制作支撑结构

图 7-49　旋转复制其他 3 面模型的制作

图 7-50　复制 Tube 模型

接下来制作下方的底座模型，在 3ds Max 视图中创建圆柱体模型，通过挤出、倒角和 Inset 等命令编辑多边形，制作出图 7-51 中的形态。利用 Box 模型制作底座四周的装饰结构（见图 7-52）。

图 7-51　制作底座模型

图 7-52　制作底座四周的装饰结构

下面制作整个模型上方最复杂的装饰结构。首先在视图中创建圆环状的 Tube 模型

（见图 7-53）。以 Z 轴为轴心在 XY 平面上对圆环模型进行旋转复制，随机复制几个圆环，然后将其中一个圆环向内缩小，在不同维度上随机旋转复制，形成复杂交错的模型结构（见图 7-54）。之后在模型的正中心创建球体模型并与底座结构进行拼接，完成整个模型的制作（见图 7-55）。最后将模型放置到地面的中心位置，如图 7-56 所示。

图 7-53　创建 Tube 模型

图 7-54　制作圆环装饰结构

图 7-55　添加球体模型

图 7-56 将模型放置到地面的中心位置

最后在房间的门口位置制作与添加香炉模型（见图 7-57），这样整个室内场景的房间模型部分就全部制作完成了，最终效果如图 7-58 所示。

图 7-57 制作与添加香炉模型

图 7-58 室内场景的房间模型完成效果

7.2.4　场景贴图的处理

　　室内场景模型制作完成后，下面要进行 UV 分展和贴图的工作。其实对于网络游戏的室内场景来说，虽然模型 UV 的分展与建筑模型的并没有太大区别，但在贴图的制作上还是存在一些差异的。网络游戏场景中的建筑通常规模和体积较大，在贴图的绘制上以大结构为主，特别是距离玩家视角较远的建筑区域，其贴图绘制并不需要太多细节。而网络游戏的室内场景通常在封闭空间中，其建筑规模相对较小，室内的建筑结构多距离玩家较近，所以其贴图通常要求具备更多的细节和精度，这样才能实现良好的视觉效果。

　　对于本章实例中的室内场景，其贴图主要分为两大部分。一部分是用于空间建筑结构的模型贴图，如墙体、地面和屋顶等，这部分贴图多以循环贴图为主，一般像墙壁和屋顶四周的装饰结构主要运用二方连续贴图（见图 7-59 和图 7-60）。

图 7-59　室内场景中墙体的贴图方式

图 7-60　室内场景中屋顶的 UV 分展及贴图

　　地面和天花板则利用四方连续贴图，需要根据场景实际的规模来调整 UV 网格的比例，同时地面四周通常会通过布线和贴图来制作包边结构（见图 7-61）。对于循环贴图的 UV 分展方式与场景内建筑模型的基本相同，这里不再做过多讲解。

图 7-61　地面的包边结构

　　除此以外，室内场景中的其他建筑结构的贴图和场景中装饰道具模型的贴图主要是通过分展 UV 然后再进行对应的贴图绘制的。由于室内场景中存在大量的建筑装饰结构，不同的结构之间存在其独立性和多样性，这种情况一般无法通过循环贴图来实现，所以必须要通过独立专属的贴图来实现整体效果，如地面中间的圆形图案装饰和立柱模型等（见图 7-62 和图 7-63）。

图 7-62　地面中间的圆形图案装饰贴图

图 7-63　立柱模型贴图

另外，场景中包含大量的场景道具模型，如书架和房间中心的装饰模型等，这些模型贴图都需要对其每一部分 UV 进行单独拆分然后再进行贴图绘制（见图 7-64 和图 7-65）。

图 7-64　书架模型及贴图

图 7-65　场景中装饰道具模型的贴图效果

最后可以利用 Plane 模型和 Alpha 贴图来模拟制作体积光效果，从而烘托场景的整体氛围。首先利用 Plane 模型编辑与制作成波浪状，然后添加体积光 Alpha 贴图，调整并将其放置在窗口位置，如图 7-66 所示。图 7-67 为室内场景中的全部贴图完成后在 3ds Max 视图中的效果。

图 7-66　添加体积光后的效果

图 7-67　室内场景在视图中最终完成的效果

7.3　游戏室内场景实例制作（二）

图 7-68 是一张室内场景的参考照片，从图中可以清晰地看出整体建筑的框架结构，大致包括侧面的墙面、窗户、顶棚和中间的支撑立柱等。我们可以将其中的一组结构看作一个结构单元，整个房间都是利用这些同样的结构单元进行的重复复制，所以我们在制作整个房间的时候，完全可以通过制作结构单元，然后利用复制原理去拼构整个房间，这样不仅提高了工作效率，而且还解决了另外一个关键的问题——相同室内场景下多房间的制作问题。

图 7-68　室内场景的参考照片

我们先来举个例子，如有一座大型宫殿或者一座大厦，通常在这种大型建筑的内部会包含许许多多的室内房间，这些房间彼此通过走廊、过道、楼梯等建筑结构相连接，它们之间在面积和功能上可能有所不同，但相互间的室内建筑风格肯定要保持一致。如果我们将所有房间的整体模型一一搭建出来，然后根据不同的房间去制作室内的内部结构，或许相同的结构可以在不同的房间中被重复使用，但由于每个房间的长宽尺寸不同，在复制的同时必须要根据房间的整体大小不断地进行调整。如果用这样的制作方法，可以想象，如果有一百个房间，那将是多么浩大的一个制作工程。

所以，这里我们利用单元复制的方法来制作。首先将房间中相同的结构单元进行归纳制作，接下来就可以利用复制结构单元的数量来确定房间的长宽尺寸，这样仅仅利用复制的方法我们就可以自由随意搭建出任何尺寸的室内房间模型，无论是十个、一百个甚至一千个房间，我们都可以在很短的时间内完成制作。所以在实际游戏项目的大面积室内场景制作中，面对巨大的工作量我们通常会选择这种方法。下面我们就以图 7-68 中的场景照片作为参考，为大家讲解具体的制作流程和方法。

7.3.1　室内场景单元结构的制作

根据参考照片中总结的结构单元，我们先来用简单的多边形制作一个基本的结构组合。以窗体、墙面和顶棚为中心，之间通过立柱和框架作为连接结构，只须制作一侧即可，然后我们将这个结构单元整体向右重复复制就可以得到一侧的房间墙体结构（见图 7-69）。

图 7-69　制作一侧的房间墙体结构

首先来制作窗体模型。在 3ds Max 中建立 Plane 模型和一个二十边的圆柱体模型，将两者按图 7-70 中的方式对齐。这里要注意，在制作第一个结构单元的时候，主体模型的中心最好与相应的坐标系轴线重合对齐，这是为了方便后面的结构制作，以及整体单元复制的距离关系。

在创建面板的 Compound Objects（复合物体）菜单中，利用 Boolean（布尔）运算的方式（见图 7-71），将圆柱体从平面模型中剪切出来，这样就形成了窗户上方的拱洞模型。按住"Shift"键拉伸创建出上下的多边形面，同时将模型的中心布线连接（见图 7-72）。将贴图赋予给模型，并且按照贴图中的结构对模型进行切割布线（见图 7-73）。

图 7-70　制作窗体模型

图 7-71　拱洞模型的制作

图 7-72　创建上下的多边形面

图 7-73　添加贴图布线细分

　　进入多边形面层级，选择中心花纹的模型表面，利用 Extrude 命令向内挤出，将贴图中的平面结构制作为立体的模型结构（见图 7-74）。

图 7-74　挤出结构

　　接下来制作支撑拱形结构的立柱，在 3ds Max 中建立 Box 模型，利用编辑多边形命令将其制作为所需的形状结构，删除多余面（见图 7-75）。

图 7-75　制作支撑拱形结构的立柱

为立柱模型添加贴图（见图 7-76），大家可能会发现之前都是在整体模型全部完成后再赋予贴图，而本小节中却是在每个模型结构制作完成后就立刻贴图，这也是单元化模型制作的一个特点，因为之后会将模型进行大量复制，所以必须要在复制操作前完成模型整体的贴图工作，提高工作效率。

图 7-76　为立柱模型添加贴图

利用之前制作完成的拱形结构开始制作窗体的墙壁结构，在 3ds Max 中建立 Plane 模型，并将其编辑制作为图 7-77 所示的结构，拱洞下面就是窗户，再下面是窗台及墙壁。将上面制作完成的拱形结构、立柱、窗户和墙体拼接到一起（见图 7-78）。沿着之前制作完成的模型结构，再来制作中层平台，以及下方的立柱和墙面（见图 7-79）。

图 7-77　制作墙体结构

立柱的顶部采用一种比较平滑的倒角结构，另外要注意立柱顶部的平面要延伸到上层的立柱和墙体中，这样就形成了中层平台的一种连接结构（见图 7-80），避免复制后平台地面之间的穿帮。将平台和下层墙体从中间切割划线，形成对称结构，然后将模型赋予贴图（见图 7-81）。

图 7-78　拼接拱形结构、立住、窗户和墙体及窗户贴图

图 7-79　制作中层平台，以及下方的立柱和墙面

图 7-80　制作连接结构

图 7-81　添加贴图

　　这一步的制作跟前面的拱形结构模型相似，沿着贴图中的结构对整个模型进行布线划分（见图 7-82），这里的贴图结构过于复杂，但仍然要遵循从简的原则，保证基本模型结构的前提下尽量减少模型面数。

图 7-82　根据贴图添加布线

　　根据模型的布线结构利用 Extrude 命令向内进行多层次的挤出，将平面的贴图结构转化为立体的模型结构（见图 7-83）。在制作完整体侧面的单元模型后，接下来搭建出顶棚、顶部支撑结构，以及中间立柱和底座的基本模型外观，方便之后进一步的细节制作（见图 7-84）。

　　然后我们来制作中间支撑立柱的底座结构（见图 7-85），这里我们将其制作得稍微复杂一些，因为立柱底座在实际游戏环境中应该是距离玩家最近的模型，利用细节的处理让模型变得更加精细。在 3ds Max 中建立 Box 模型，塌陷为可编辑多边形，进入面层级，选中模型四周和顶部的表面，然后利用 Extrude 将其命令向外挤出。

图 7-83　利用挤出命令制作凹凸结构

图 7-84　搭建顶棚结构

图 7-85　制作底座结构

利用顶点缩放命令编辑模型，然后利用倒角等命令制作出底座下部的结构（见图7-86）。

图 7-86　制作底座大部的结构

进入多边形面层级，选择模型的其他三面并删除，然后进一步编辑剩余的模型面（见图 7-87）。因为底座模型的四面属于完全相同的模型结构，我们只需要对其一面进行编辑处理，然后通过旋转复制的方式就可以完成其他三面的制作，这样就可以节省大量的制作时间。

图 7-87　删除三面保留一面结构

通过布线、倒角、挤出等命令将模型编辑制作为如图 7-88 所示的结构，然后选择除顶面外的所有模型表面，利用 Detach 命令将其分离。

选择上面分离出的模型结构，按住"Shift"键利用多重旋转复制命令将模型旋转 90°，复制出其他三面的模型结构（见图 7-89）。

图 7-88　细化模型结构

图 7-89　制作其他三面的模型结构

　　将所有模型拼接（Attach）到一起，焊接相应的顶点，划分设定好光滑组，这样就完成了中间立柱底座的模型结构，然后将模型赋予贴图（见图 7-90），其实在制作完一面的模型时就可以先完成贴图的工作，这样在旋转复制后就直接得到贴图完成的模型了。

图 7-90　添加模型贴图

将所有单元结构拼接到一起（见图7-91），完成模型的贴图工作，赋予中间立柱和顶部支撑结构一张黑色的金属贴图，上面的铁艺结构则利用不透明贴图来完成，这样整个室内模型的单元组就制作完成了。

图 7-91　拼接单元结构

7.3.2　利用单元结构搭建室内场景

之前在制作单元组时，是以坐标轴线上的中心来对齐的，所以单元组中左侧立柱的中心到坐标轴线的距离就是这个单元组复制需要移动距离的一半，选中一侧的任意一个立柱结构，鼠标右键单击按钮栏上的移动按钮，看到 X 轴的坐标距离为-55.803，那么整个单元组需要移动的距离就是："55.803×2=111.606"（见图7-92）。

图 7-92　计算复制位移距离

选中所有的单元模型，将其编辑成组，利用 Clone 命令原地复制，然后鼠标右键单击移动按钮，将 X 轴的移动距离设置为 111.606，这样第二个单元组的位置就确定了

（见图 7-93）。按照同样的方法复制出 10 组单元组模型，将其组成室内场景的一侧墙壁（见图 7-94）。

图 7-93　移动复制

图 7-94　复制出一面墙体的效果

　　然后通过镜像命令复制出另一侧的室内墙壁结构，并删除单元组中的重复结构（见图 7-95）。最后在整个室内场景的两端再分别复制出 4 组单元组模型，将其组成另外两侧的室内墙壁，这样整个室内场景就制作完成了。整体的制作流程不仅节省了大量时间，提高了工作效率，而且最终场景的完成效果还相当出色。根据复制的不同单元组数量可以随意自由搭建任意面积的室内房间，最后只需要在合适的位置制作出门的结构，利用连接结构将所有房间串联到一起，实现最终整体场景的制作。图 7-96 是场景布光后的渲染效果图。

图 7-95　复制另一侧墙体模型

图 7-96　场景的渲染效果图

CHAPTER **8**

游戏引擎室内
场景实例制作

上一章内容中，我们主要讲解了网络游戏室内场景模型的制作方法，整体的制作流程都是在 3ds Max 软件中操作和完成的，这主要是为了方便软件操作的讲解和学习。在实际游戏项目的场景制作中，我们利用 3ds Max 软件主要制作基础模型部分，后面真正场景的拼接、整合以及整体视觉效果的调整都是在游戏引擎地图编辑器中完成的，所以本章我们就来学习利用游戏引擎地图编辑器来制作游戏室内场景。与前面章节一样，这里我们也选择 Unity3D 引擎来作为讲解平台，下面正式开始本章内容的实际制作。

8.1　3ds Max 模型的制作

本节的实例内容是在 Unity 中制作一个封闭的室内场景，整体制作分为两大步：首先在 3ds Max 中制作场景模型，然后将其导入 Unity 引擎中进行整体场景的拼建。在 3ds Max 中首先要制作出场景的整体结构框架，然后通过场景装饰模型丰富场景细节，最后再来制作场景中需要用到的各种场景道具模型。

首先制作室内场景的基本墙体结构（见图 8-1），在 3ds Max 视图中创建一个 18 边的基础圆柱体模型。将模型塌陷为可编辑多边形，删除顶面和底面，然后将剩余所有圆柱侧面的法线反转，通过编辑多边形命令制作成上下两层的室内结构。

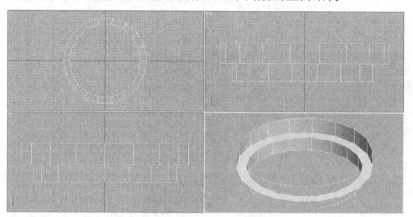

图 8-1　制作室内场景的基本墙体结构

然后进入多边形边层级，选中下层墙体的所有纵向边线，通过 Connect 命令添加横向分段，之后通过多边形编辑制作出墙围基石的模型结构（见图 8-2）。

图 8-2　制作墙围基石的模型结构

下一步我们制作室内的地面模型结构（见图 8-3），利用圆柱体模型得到圆形面片结构，然后对其进行多边形编辑，在面层级下利用 Inset 命令逐级向内收缩，制作地面的分段层次结构，将中间的环形面利用 Bevel 命令向下挤出，让地面结构富有凹凸起伏变化。另外，每一个环形地面结构要注意包边的制作，方便后期利用贴图来丰富结构细节。

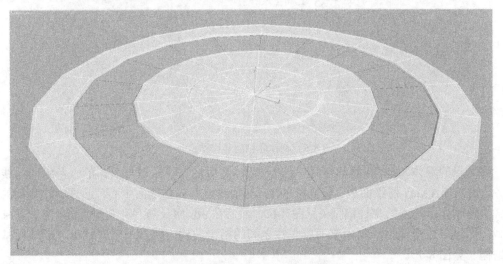

图 8-3　制作室内的地面模型结构

接下来制作场景内部的立柱模型，在视图中创建 8 面的基础圆柱体模型，将其塌陷为可编辑的多边形，通过 Connect 命令、Extrude 命令和倒角等命令制作出立柱下方的柱墩，以及上方的立柱结构（见图 8-4）。然后我们将制作完成的立柱模型复制一份，在其上方以及两侧添加装饰结构，并将立柱中间的正面制作出内凹的模型结构（见图 8-5）。我们将图 8-5 中左侧的立柱模型作为室内下层的支撑立柱，右侧为上层的支撑立柱。场景中的立柱结构一方面作为支撑结构，让整体建筑具有客观性和真实性；另一方面立柱作为装饰结构，用来增加和丰富场景细节。

图 8-4　制作立柱模型

图 8-5　制作立柱的装饰结构

　　将场景的墙体和地面模型对齐拼接到一起，然后将立柱模型与墙体的一条纵向边线对齐，进入 3ds Max 层级面板，将立柱的 Pivot 轴线点对齐到地面中心，通过旋转复制的方式快速制作出其他的立柱模型（见图 8-6）。然后在 3ds Max 视图中创建 Tube 圆管基础模型，通过多边形编辑，制作出下层立柱之间的横梁结构，以及上层立柱下方的墙面基石结构（见图 8-7）。

图 8-6　复制立柱

图 8-7　制作横梁结构和墙面基石结构

室内的整体框架模型制作完成后，接下来为模型添加贴图。墙面为四方连续的石砖贴图，立柱和横梁都为带有雕刻纹理的贴图（见图 8-8）。地面外围为木质贴图，中间为石砖贴图，内圈为带有雕刻纹理的石质贴图，最中心是一张带有完整图案的独立贴图（见图 8-9）。在上层墙体的立柱之间制作添加窗口的装饰模型（见图 8-10）。图 8-11 为室内场景整体贴图完成后的效果。

图 8-8　墙面和立柱模型的贴图

图 8-9　地面的贴图处理

图 8-10　添加窗口的装饰模型

图 8-11 最终的贴图效果

下面我们制作室内的屋顶结构，在 3ds Max 视图中创建一个半球模型，将半球顶部的多边形面删除，上方再创建一个完整的半球模型，两个半球之间的接缝处利用 Tube 模型结构相衔接。因为要作为室内结构，所以要将模型整体进行法线反转，这样室内屋顶的模型结构就制作完成了（见图 8-12）。

图 8-12 制作室内屋顶的模型结构

然后为屋顶模型添加贴图，我们为下层半球添加一张带有雕刻纹理的石砖四方连续贴图，为顶层半球添加一张带有星座图案的完整独立贴图（见图 8-13）。

接下来我们在视图中导入一个已经制作完成的望远镜场景道具模型，整个模型的比例十分巨大，模型主要由镜筒和底座两部分构成（见图 8-14）。其实，望远镜作为场景道具模型并不能在 3ds Max 中整合到室内场景里，最后需要单独进行导入，在 Unity 引擎编辑器中进行场景拼合，这里我们将其导入场景当中是为了制作与望远镜相关的室内场景结构。在镜筒与墙面相交的位置制作出窗体结构，让望远镜模型可以合理延伸到室内建筑的外面（见图 8-15）。

图 8-13　屋顶的贴图效果

图 8-14　望远镜场景道具模型

图 8-15　制作墙面的窗口结构

　　接下来需要制作出室内房间的正门结构，如图 8-16 所示。除此以外还需要制作一些其他的场景道具模型，如水晶、地球仪、石像雕塑、书橱等（见图 8-17），这些场景道具模型之后都需要单独进行导出，然后在 Unity 引擎编辑器中导入调用。

图 8-16　制作室内房间的正门结构

图 8-17　水晶、地球仪、石像雕塑、书橱等场景道具模型

8.2　模型的优化与导出

　　场景模型制作完成后，在正式导出为 **FBX** 文件前还需要对模型资源进行优化处理。在模型的制作过程中我们是利用完整的几何体进行编辑制作的。当这些模型真正拼合到场景中时，会由于室内场景的空间和结构发生相互遮挡，如模型与室内场景地面相接的底部，或者模型靠近墙面的多边形面。这些多边形的面片结构会出现在玩家视角永远不可能看到的死角区域，我们需要对这些模型面进行删除，以保证资源导入引擎后的优化显示。每个模型结构被删除的面片可能并不多，但随着模型数量的增加，这些优化处理将显得极为必要。

　　首先选中室内场景上层立柱和横梁插入到墙壁内的多边形面片结构，可以利用顶视图快速选取，然后删除上层立柱与横梁的废面，如图 8-18 所示。我们发现全部被选择的多边形面有 300 余面，而这仅是对于场景上层结构的优化，所以累计来看删除废面是非常必要的一步。然后利用同样的方法选择删除场景下层装饰立柱与横梁、与墙面相交的多边形面并进行删除操作，如图 8-19 所示。除室内场景模型外，也需要对场景中的道具

模型进行优化处理，如望远镜模型延伸到场景外面的镜头部分，我们可以将面片选中并进行删除（见图 8-20）。

图 8-18　删除上层立柱与横梁的废面

图 8-19　删除下层立柱和横梁的废面

图 8-20　优化望远镜模型

优化处理完模型资源后，下面就可以将模型进行导出操作了。将模型从 3ds Max 中导出前需要对系统单位，以及比例大小进行设置，打开 3ds Max 菜单栏 Customize（自定义）菜单下的 Units Setup 命令，单击 System Unit Setup 按钮，将系统单位设置为 Centimeters（厘米）（见图 8-21）。

图 8-21　设置 3ds Max 系统单位

接下来在室内场景视图中创建一个长、宽、高分别为 50、50、180 的 Box 模型，用来模拟正常人体的大小比例，如图 8-22 所示。我们发现相对于模拟人体，场景的整体比例太小了，所以需要利用缩放工具对所有场景模型进行等比例整体放大（见图 8-23）。

图 8-22　创建 Box 模型

调整好模型比例后就可以对其进行导出操作了，将所有模型的 Pivot 轴心点归置到模型的中心位置，然后将模型位置调整到坐标系原点，将模型的名称与模型材质球名称相统一。选择 File 菜单下的 Export 命令，逐一选择需要导出的模型，利用 Export Selected 命令将模型导出为 FBX 格式文件。

图 8-23　将场景模型放大到合适的比例

8.3　游戏引擎中场景的制作

完成场景资源导出后，我们启动 Unity3D 引擎编辑器，首先单击 File 菜单下的 New Project 命令创建新的游戏项目，在弹出的面板中设置项目文件夹的路径位置，以及导入 Unity 预置资源。然后打开创建的项目文件夹，在 Assets 资源文件中创建 Object 文件夹，用来存放 FBX 模型，以及贴图资源，Object 文件夹下的 Textures 文件夹用来存放模型贴图，Materials 文件夹是系统自动生成的存放模型材质球位置的文件夹（见图 8-24）。

图 8-24　创建项目文件夹

将各种资源文件复制到 Assets 目录下后，我们就可以在 Unity 引擎的 Project 项目面板中进行查看和调用了。接下来将室内场景模型，以及各种场景道具模型用鼠标从项目面板拖曳到 Unity 场景视图中，由于室内场景都是在封闭的空间中的，所以在利用 Unity 编辑器进行制作的时候无须创建 Terrain 地形，接下来的所有操作都是在制作好的室内场景模型中进行搭建和拼接的（见图 8-25）。

图 8-25　将模型导入 Unity 场景视图

在场景模型整合摆放前需要对所有导入的场景模型进行材质（Shader）的设置，我们可以在项目面板中选择模型，然后在 Inspector 面板中对其材质和贴图参数进行设置，也可以在项目面板中直接选择模型对应的材质球进行设置。首先在项目面板 Materials 目录下选择望远镜模型的材质球，然后将 Shader 设置为 Bumped Specular（法线高光模式），设置其主色调和高光颜色，同时利用 Shininess 参数设置高光的反光区域范围（见图 8-26）。

图 8-26　设置望远镜的材质（Shader）

利用同样的方法对其他模型的材质进行设置，将书橱和地球仪模型的材质（Shader）设置为 VertexLit（顶点模式），分别设置材质的主色调、高光色、自发光颜色，以及高光的反射范围（见图 8-27）。

场景中的道具模型设置完毕后，接下来我们开始设置主体场景模型的材质（Shader）。将场景中所有雕刻装饰结构的贴图 Shader 都设置为 Bumped Specular 模式，如立柱、横梁、大门、窗户模型等，法线高光模式可以强调出雕刻结构的纹理凹凸质感。将地面和墙体的石砖材质（Shader）设置为 Bumped Diffuse 模式（见图 8-28）。

图 8-27　设置书橱和地球仪模型的材质（Shader）

图 8-28　设置室内模型结构的材质（Shader）

　　所有 Shader 设置完成后，我们从项目面板的预置资源中调出第一人称角色控制器（见图 8-29），并将其拖曳导入室内场景中，方便整个场景的查看与浏览。这里需要注意的是，由于整个场景并没有制作碰撞盒，在运行游戏的时候，角色控制器并不能与场景发生碰撞反应，所以需要对项目面板中的场景模型进行设置，勾选 Inspector 面板中 Meshes 选项下的 Generate Colliders，这样整个室内场景就生成了与自身网格模型一致的碰撞盒，角色控制器也能够在场景中正常真实地进行活动。

　　接下来我们正式开始场景模型的摆放和整合，这里主要是将各种场景道具模型摆放到场景的各个位置。首先将水晶模型移动到室内屋顶的正中央（见图 8-30），将其作为整个室内场景的虚拟主光源，也就是主光源在视觉效果上的可见模型。

图 8-29　导入第一人称角色控制器

图 8-30　将水晶模型放置到屋顶正中

　　将望远镜模型放置到地面平台中央，让镜筒延伸出墙面的窗口（见图 8-31），将雕塑模型和书橱模型利用复制的方式紧靠墙壁间隔错落摆放（见图 8-32 和图 8-33），这样室内场景的整体拼接和整合就完成了。

图 8-31　放置望远镜模型

图 8-32　放置雕塑模型

图 8-33　将雕塑模型和书橱模型间隔错落摆放

8.4　场景的优化与渲染

基本场景搭建完成后，我们需要为场景添加光源和特效来增强室内场景的视觉效果，烘托场景的整体氛围。室内场景与野外场景不同，在野外场景中，无论何时都会有一盏方向光模拟日光效果，而在室内场景中照亮环境的光源基本来自于室内。另外有少数情况是光线透过窗户由室外照射进室内。本节实例的场景为全封闭的场景结构，我们需要在场景中设定一盏主体光源来照亮全局环境，另外还需要设定若干次级光源来辅助照亮场景。

我们将房间屋顶正中央的水晶作为场景的虚拟主光源，在它附近创建一盏 Point Light 点光源来照亮整个场景，这里可以直接利用之前为了照亮场景所创建的点光源来进行参数修改，将 Range 设置为 60，光源颜色调为淡绿色，灯光强度设置为 6，勾选 Draw Halo 可以形成光晕效果（见图 8-34）。

图 8-34　创建并设置场景主光源

将墙壁雕塑上的水晶作为次级虚拟光源，在其附近创建 Point Light 点光源辅助照亮场景，将 Range 设置为 10、强度设置为 2.5，通过复制的方式快速完成其他次级辅助光源的制作（见图 8-35）。

图 8-35　创建次级辅助光源

然后我们需要对 Unity 场景指定一个天空盒子，虽然整个场景为封闭的室内环境，但从望远镜伸出的窗口可以看到室外环境。单击 Edit 菜单下的 Render Settings 命令，在 Inspector 面板中为 Skybox Material 添加预置资源中的 MoonShine Skybox，如图 8-36 所示。

图 8-36　设置场景天空盒子

　　接下在场景视图中创建一个 Particle System 粒子系统，Shape 选择 Cone，调整发射器的形状为圆饼状，激活 Limit Velocity Over Time 选项，将 Speed 参数设置为 0（见图 8-37）。这样就形成了圆点粒子原地闪烁的效果，然后将粒子发射器移动到屋顶的半球形穹顶内，用来模拟星空效果（见图 8-38）。最后在场景中央的水晶下方添加一束体积光特效，这样这个室内场景就制作完成了，如图 8-39 所示。我们可以将制作完成的游戏场景利用 File 菜单下的 Building Settings 命令进行导出，将其输出为各个平台下可独立运行的游戏程序。

图 8-37　创建 Particle System 粒子系统

图 8-38　将粒子系统放置到穹顶中央

图 8-39　最终的场景效果

3ds Max 中英文命令对照

File〈文件〉	
New〈新建〉	Replace〈替换〉
Reset〈重置〉	Import〈输入〉
Open〈打开〉	Export〈输出〉
Save〈保存〉	Export Selected〈选择输出〉
Save As〈保存为〉	Archive〈存档〉
Save Selected〈保存选择〉	Summary Info〈摘要信息〉
XRef Objects〈外部引用物体〉	File Properties〈文件属性〉
XRef Scenes〈外部引用场景〉	View Image File〈显示图像文件〉
Merge〈合并〉	History〈历史〉
Merge Animation〈合并动画动作〉	Exit〈退出〉
Edit〈菜单〉	
Undo or Redo〈取消/重做〉	Rectangular Region〈矩形选择〉
Hold and Fetch〈保留/引用〉	Circular Region〈圆形选择〉
Delete〈删除〉	Fabce Region〈连点选择〉
Clone〈克隆〉	Lasso Region〈套索选择〉
Select All〈全部选择〉	Region:〈区域选择〉
Select None〈空出选择〉	Window〈包含〉
Select Invert〈反向选择〉	Crossing〈相交〉
Select By〈参考选择〉	Named Selection Sets〈命名选择集〉
Color〈颜色选择〉	Object Properties〈物体属性〉
Name〈名字选择〉	
Tools〈工具〉	
Transform Type-In〈键盘输入变换〉	Spacing Tool〈间距分布工具〉
Display Floater〈视窗显示浮动对话框〉	Normal Align〈法线对齐〉
Selection Floater〈选择器浮动对话框〉	Align Camera〈相机对齐〉
Light Lister〈灯光列表〉	Align to View〈视窗对齐〉
Mirror〈镜像物体〉	Place Highlight〈放置高光〉
Array〈阵列〉	Isolate Selection〈隔离选择〉
Align〈对齐〉	Rename Objects〈物体更名〉
Snapshot〈快照〉	
Group〈群组〉	
Group〈群组〉	Attach〈配属〉
Ungroup〈撤销群组〉	Detach〈分离〉

Group〈群组〉	
Open〈开放组〉	Explode〈分散组〉
Close〈关闭组〉	

Views〈查看〉	
Undo View Change/Redo View Change〈取消/重做视窗变化〉	Show Ghosting〈显示重像〉
Save Active View/Restore Active View〈保存/还原当前视窗〉	Show Key Times〈显示时间键〉
Viewport Configuration〈视窗配置〉	Shade Selected〈选择亮显〉
Grids〈栅格〉	Show Dependencies〈显示关联物体〉
Show Home Grid〈显示栅格命令〉	Match Camera to View〈相机与视窗匹配〉
Activate Home Grid〈活跃原始栅格命令〉	Add Default Lights To Scene〈增加场景缺省灯光〉
Activate Grid Object〈活跃栅格物体命令〉	Redraw All Views〈重画所有视窗〉
Activate Grid to View〈栅格及视窗对齐命令〉	Activate All Maps〈显示所有贴图〉
Viewport Background〈视窗背景〉	Deactivate All Maps〈关闭显示所有贴图〉
Update Background Image〈更新背景〉	Update During Spinner Drag〈微调时实时显示〉
Reset Background Transform〈重置背景变换〉	Adaptive Degradation Toggle〈绑定适应消隐〉
Show Transform Gizmo〈显示变换坐标系〉	Expert Mode〈专家模式〉

Create〈创建〉	
Standard Primitives〈标准图元〉	Ellipse〈椭圆〉
Box〈立方体〉	Helix〈螺旋线〉
Cone〈圆锥体〉	NGon〈多边形〉
Sphere〈球体〉	Rectangle〈矩形〉
GeoSphere〈三角面片球体〉	Section〈截面〉
Cylinder〈圆柱体〉	Star〈星形〉
Tube〈管状体〉	Lights〈灯光〉
Torus〈圆环体〉	Target Spotlight〈目标聚光灯〉
Pyramid〈角锥体〉	Free Spotlight〈自由聚光灯〉
Plane〈平面〉	Target Directional Light〈目标平行光〉
Teapot〈茶壶〉	Directional Light〈平行光〉
Extended Primitives〈扩展图元〉	Omni Light〈泛光灯〉
Hedra〈多面体〉	Skylight〈天光〉
Torus Knot〈环面纽结体〉	Target Point Light〈目标指向点光源〉
Chamfer Box〈斜切立方体〉	Free Point Light〈自由点光源〉
Chamfer Cylinder〈斜切圆柱体〉	Target Area Light〈指向面光源〉
Oil Tank〈桶状体〉	IES Sky〈IES 天光〉
Capsule〈角囊体〉	IES Sun〈IES 阳光〉
Spindle〈纺锤体〉	Sunlight System and Daylight
L-Extrusion〈L 形体按钮〉	〈太阳光及日光系统〉
Gengon〈导角棱柱〉	Camera〈相机〉
C-Extrusion〈C 形体按钮〉	Free Camera〈自由相机〉
RingWave〈环状波〉	Target Camera〈目标相机〉
Hose〈软管体〉	Particles〈粒子系统〉
Prism〈三棱柱〉	Blizzard〈暴风雪系统〉
Shapes〈形状〉	PArray〈粒子阵列系统〉
Line〈线条〉	PCloud〈粒子云系统〉
Text〈文字〉	Snow〈雪花系统〉
Arc〈弧〉	Spray〈喷溅系统〉
Circle〈圆〉	Super Spray〈超级喷射系统〉
Donut〈圆环〉	

Modifiers〈修改器〉	
Selection Modifiers〈选择修改器〉	UVW Map〈UVW 贴图编辑器〉
Mesh Select〈网格选择修改器〉	UVW Xform〈UVW 贴图参考变换编辑器〉
Poly Select〈多边形选择修改器〉	Unwrap UVW〈展开贴图编辑器〉
Patch Select〈面片选择修改器〉	Camera Map〈相机贴图编辑器〉
Spline Select〈样条选择修改器〉	Camera Map〈环境相机贴图编辑器〉
Volume Select〈体积选择修改器〉	Cache Tools〈捕捉工具〉
FFD Select〈自由变形选择修改器〉	Point Cache〈点捕捉编辑器〉
NURBS Surface Select	Subdivision Surfaces〈表面细分〉
〈NURBS 表面选择修改器〉	MeshSmooth〈表面平滑编辑器〉
Patch/Spline Editing〈面片/样条线修改器〉	HSDS Modifier〈分级细分编辑器〉
Edit Patch〈面片修改器〉	Free Form Deformers〈自由变形工具〉
Edit Spline〈样条线修改器〉	FFD 2×2×2/FFD 3×3×3/FFD 4×4×4
Cross Section〈截面相交修改器〉	〈自由变形工具 2×2×2/3×3×3/4×4×4〉
Surface〈表面生成修改器〉	FFD Box/FFD Cylinder
Delete Patch〈删除面片修改器〉	〈盒体和圆柱体自由变形工具〉
Delete Spline〈删除样条线修改器〉	Parametric Deformers〈参数变形工具〉
Lathe〈车床修改器〉	Bend〈弯曲〉
Normalize Spline〈规格化样条线修改器〉	Taper〈锥形化〉
Fillet/Chamfer〈圆切及斜切修改器〉	Twist〈扭曲〉
Trim/Extend〈修剪及延伸修改器〉	Noise〈噪声〉
Mesh Editing〈表面编辑〉	Stretch〈缩放〉
Cap Holes〈顶端洞口编辑器〉	Squeeze〈压榨〉
Delete Mesh〈编辑网格物体编辑器〉	Push〈推挤〉
Edit Normals〈编辑法线编辑器〉	Relax〈松弛〉
Extrude〈挤压编辑器〉	Ripple〈波纹〉
Face Extrude〈面拉伸编辑器〉	Wave〈波浪〉
Normal〈法线编辑器〉	Skew〈倾斜〉
Optimize〈优化编辑器〉	Slice〈切片〉
Smooth〈平滑编辑器〉	Spherify〈球形扭曲〉
STL Check〈STL 检查编辑器〉	Affect Region〈面域影响〉
Symmetry〈对称编辑器〉	Lattice〈栅格〉
Tessellate〈镶嵌编辑器〉	Mirror〈镜像〉
Vertex Paint〈顶点着色编辑器〉	Displace〈置换〉
Vertex Weld〈顶点焊接编辑器〉	XForm〈参考变换〉
Animation Modifiers〈动画编辑器〉	Preserve〈保持〉
Skin〈皮肤编辑器〉	Surface〈表面编辑〉
Morpher〈变体编辑器〉	Material〈材质变换〉
Flex〈伸缩编辑器〉	Material By Element〈元素材质变换〉
Melt〈熔化编辑器〉	Disp Approx〈近似表面替换〉
Linked XForm〈连结参考变换编辑器〉	NURBS Editing〈NURBS 面编辑〉
Patch Deform〈面片变形编辑器〉	NURBS Surface Select〈NURBS 表面选择〉
Path Deform〈路径变形编辑器〉	Disp Approx〈近似表面替换〉
Surf Deform〈表面变形编辑器〉	Radiosity Modifiers〈光能传递修改器〉
Surf Deform〈空间变形编辑器〉	Subdivide〈细分〉
UV Coordinates〈贴图轴坐标系〉	Subdivide〈超级细分〉

Character〈角色人物〉	
Create Character〈创建角色〉	Bone Tools〈骨骼工具〉
Destroy Character〈删除角色〉	Set Skin Pose〈调整皮肤姿势〉
Lock/Unlock〈锁住与解锁〉	Assume Skin Pose〈还原姿势〉
Insert Character〈插入角色〉	Skin Pose Mode〈表面姿势模式〉
Save Character〈保存角色〉	

Animation〈动画〉	
IK Solvers〈反向动力学〉	Bezier〈贝塞尔曲线控制器〉
HI Solver〈非历史性控制器〉	Expression〈表达式控制器〉
HD Solver〈历史性控制器〉	Linear〈线性控制器〉
IK Limb Solver〈反向动力学肢体控制器〉	Motion Capture〈动作捕捉〉
SplineIK Solver〈样条反向动力控制器〉	Noise〈噪波控制器〉
Constraints〈约束〉	Quatermion(TCB)〈TCB 控制器〉
Attachment Constraint〈附件约束〉	Reactor〈反应器〉
Surface Constraint〈表面约束〉	Spring〈弹力控制器〉
Path Constraint〈路径约束〉	Script〈脚本控制器〉
Position Constraint〈位置约束〉	XYZ〈XYZ 位置控制器〉
Link Constraint〈连结约束〉	Rotation Controllers〈旋转控制器〉
LookAt Constraint〈视觉跟随约束〉	Scale Controllers〈比例缩放控制器〉
Orientation Constraint〈方位约束〉	Add Custom Attribute〈加入用户属性〉
Transform Constraint〈变换控制〉	Wire Parameters〈参数绑定〉
Link Constraint〈连接约束〉	Parameter Wiring Dialog〈参数绑定对话框〉
Position/Rotation/Scale〈PRS 控制器〉	Make Preview〈创建预视〉
Transform Script〈变换控制脚本〉	View Preview〈观看预视〉
Position Controllers〈位置控制器〉	Rename Preview〈重命名预视〉
Audio〈音频控制器〉	

Graph Editors〈图表编辑器〉	
Track View-Curve Editor〈轨迹曲线编辑器〉	Saved Track View〈已存轨迹窗〉
Track View-Dope Sheet〈轨迹图表编辑器〉	New Schematic View〈新建示意观察窗〉
NEW Track View〈新建轨迹窗〉	Delete Schematic View〈删除示意观察窗〉
Delete Track View〈删除轨迹窗〉	Saved Schematic View〈显示示意观察窗〉

MAXScript〈MAX 脚本〉	
New Script〈新建脚本〉	Macro Recorder〈宏记录器〉
Open Script〈打开脚本〉	Visual MAXScript Editer
Run Script〈运行脚本〉	〈可视化 MAX 脚本编辑器〉
MAXScript Listener〈MAX 脚本注释器〉	

Customize〈用户自定义〉	
Customize〈定制用户界面〉	Tab Panel〈标签面板〉
Load Custom UI Scheme〈加载自定义界面〉	Track Bar〈轨迹条〉
Save Custom UI Scheme〈保存自定义界面〉	Lock UI Layout〈锁定用户界面〉
Revert to Startup Layout〈恢复初始界面〉	Configure Paths〈设置路径〉
Show UI〈显示用户界面〉	Units Setup〈单位设置〉
Command Panel〈命令面板〉	Grid and Snap Settings〈栅格和捕捉设置〉
Toolbars Panel〈浮动工具条〉	Viewport Configuration〈视窗配置〉
Main Toolbar〈主工具条〉	Plug-in Manager〈插件管理〉
	Preferences〈参数选择〉

续表

Rendering〈渲染〉	
Render〈渲染〉	Activeshade Viewport〈活动渲染视窗〉
Environment〈环境〉	Material Editor〈材质编辑器〉
Effects〈效果〉	Material/Map Browser〈材质/贴图浏览器〉
Advanced Lighting〈高级光照〉	Video Post〈视频后期制作〉
Render To Texture〈贴图渲染〉	Show Last Rendering〈显示最后渲染图片〉
Raytracer Settings〈光线追踪设置〉	RAM Player〈RAM 播放器〉
Raytrace Global Include/Exclude〈光线追踪选择〉	
Activeshade Floater〈活动渲染窗口〉	

3ds Max 常用快捷键列表

"F1"	帮助
"F2"	加亮所选物体的面（开关）
"F3"	线框显示（开关）/光滑加亮
"F4"	在透视图中线框显示（开关）
"F5"	约束到 X 轴
"F6"	约束到 Y 轴
"F7"	约束到 Z 轴
"F8"	约束到 XY/YZ/ZX 平面（切换）
"F9"	用前一次的配置进行渲染（渲染先前渲染过的那个视图）
"F10"	打开渲染菜单
"F11"	打开脚本编辑器
"F12"	打开移动/旋转/缩放等精确数据输入对话框
"、"	刷新所有视图
"1"	进入物体层级 1 层
"2"	进入物体层级 2 层
"3"	进入物体层级 3 层
"4"	进入物体层级 4 层
"Shift + 4"	进入有指向性灯光视图
"5"	进入物体层级 5 层
"Alt + 6"	显示/隐藏主工具栏
"7"	计算选择的多边形的面数（开关）
"8"	打开环境效果编辑框
"9"	打开高级灯光效果编辑框
"0"	打开渲染纹理对话框
"Alt + 0"	锁住用户定义的工具栏界面
"–"（主键盘）	减小坐标显示
"+"（主键盘）	增大坐标显示
"["	以鼠标点为中心放大视图
"]"	以鼠标点为中心缩小视图
" ""	打开自定义（动画）关键帧模式

附录 **B**

3ds Max 常用快捷键列表

265

续表

"\"	声音
",\"	跳到前一帧
"。"	跳到前一帧
"/"	播放/停止动画
"SPACE"	锁定/解锁选择的对象
"INSERT"	切换多边形模型的层级（同 1、2、3、4、5 键）
"HOME"	跳到时间线的第一帧
"END"	跳到时间线的最后一帧
"PAGE UP"	选择当前子物体的父物体
"PAGE DOWN"	选择当前父物体的子物体
"Ctrl + PAGE DOWN"	选择当前父物体以下所有的子物体
"A"	旋转角度捕捉开关（默认为 5 度）
"Ctrl + A"	选择所有物体
"Alt + A"	使用对齐（Align）工具
"B"	切换到底视图
"Ctrl + B"	子物体选择（开关）
"Alt + B"	视图背景选项
"Alt + Ctrl + B"	背景图片锁定（开关）
"Shift + Alt + Ctrl + B"	更新背景图片
"C"	切换到摄像机视图
"Shift + C"	显示/隐藏摄像机物体（Cameras）
"Ctrl + C"	使摄像机视图对齐到透视图
"Alt + C"	在 Poly 物体的 Polygon 层级中进行面剪切
"D"	冻结当前视图（不刷新视图）
"Ctrl + D"	取消所有的选择
"E"	旋转模式
"Ctrl + E"	切换缩放模式（切换等比、不等比、等体积）同 R 键
"Alt + E"	挤压 Poly 物体的面
"F"	切换到前视图
"Ctrl + F"	显示渲染安全方框
"Alt + F"	切换选择的模式（矩形、圆形、多边形、自定义）
"Ctrl + Alt + F"	调入缓存中所存场景（Fetch）
"G"	隐藏当前视图的辅助网格
"Shift + G"	显示/隐藏所有几何体（Geometry）
"H"	显示选择物体列表菜单
"Shift + H"	显示/隐藏辅助物体（Helpers）
"Ctrl + H"	使用灯光对齐（Place Highlight）工具

"Ctrl + Alt + H"	把当前场景存入缓存中（Hold）
"I"	平移视图到鼠标中心点
"Shift + I"	间隔放置物体
"Ctrl + I"	反向选择
"J"	显示/隐藏所选物体的虚拟框（在透视图、摄像机视图中）
"K"	打关键帧
"L"	切换到左视图
"Shift + L"	显示/隐藏所有灯光（Lights）
"Ctrl + L"	在当前视图使用默认灯光（开关）
"M"	打开材质编辑器
"Ctrl + M"	光滑 Poly 物体
"N"	打开自动（动画）关键帧模式
"Ctrl + N"	新建文件
"Alt + N"	使用法线对齐（Place Highlight）工具
"O"	降级显示（移动时使用线框方式）
"Ctrl + O"	打开文件
"P"	切换到等大的透视图（Perspective）视图
"Shift +P"	隐藏/显示离子（Particle Systems）物体
"Ctrl + P"	平移当前视图
"Alt + P"	在 Border 层级下使选择的 Poly 物体封顶
"Shift + Ctrl + P"	百分比（Percent Snap）捕捉（开关）
"Q"	选择模式（切换矩形、圆形、多边形、自定义）
"Shift + Q"	快速渲染
"Alt + Q"	隔离选择的物体
"R"	缩放模式（切换等比、不等比、等体积）
"Ctrl + R"	旋转当前视图
"S"	捕捉网格（方式需自定义）
"Shift + S"	隐藏线段
"Ctrl + S"	保存文件
"Alt + S"	捕捉周期
"T"	切换到顶视图
"U"	改变到等大的用户（User）视图
"Ctrl + V"	原地克隆所选择的物体
"W"	移动模式
"Shift + W"	隐藏/显示空间扭曲（Space Warps）物体
"Ctrl + W"	根据框选进行放大
"Alt + W"	最大化当前视图（开关）

"X"	显示/隐藏物体的坐标（gizmo）
"Ctrl + X"	专业模式（最大化视图）
"Alt + X"	半透明显示所选择的物体
"Y"	显示/隐藏工具条
"Shift + Y"	重做对当前视图的操作（平移、缩放、旋转）
"Ctrl + Y"	重做场景（物体）的操作
"Z"	放大各个视图中选择的物体
"Shift + Z"	还原对当前视图的操作（平移、缩放、旋转）
"Ctrl + Z"	还原对场景（物体）的操作
"Alt + Z"	对视图的拖放模式（放大镜）
"Shift + Ctrl + Z"	放大各个视图中所有的物体
"Alt + Ctrl + Z"	放大当前视图中所有的物体（最大化显示所有物体）